现代农民科学素质教育丛书

QUHUA CAILIAO

趣话材料

王晓达　编著

四川出版集团
四川教育出版社
·成　都·

图书在版编目（CIP）数据

趣话材料/王晓达编著.—成都：四川教育出版社，2010.4
（现代农民科学素质教育丛书/董仁威主编）
ISBN 978-7-5408-5286-3

Ⅰ.①趣… Ⅱ.①王… Ⅲ.①材料科学-普及读物 Ⅳ.①TB3-49

中国版本图书馆CIP数据核字（2010）第046057号

策　　划　安庆国　何　杨
责任编辑　余　兰
封面设计　毕　生
版式设计　张　涛
责任校对　刘　江
责任印制　黄　萍
插　　图　海　狸
出版发行　四川出版集团　四川教育出版社
　　　　　地　　址　成都市槐树街2号
　　　　　邮政编码　610031
　　　　　网　　址　www.chuanjiaoshe.com
印　　刷　成都市书林印刷厂
制　　作　四川胜翔数码印务设计有限公司
版　　次　2010年4月第1版
印　　次　2010年4月第1次印刷
成品规格　148mm×210mm
印　　张　6
字　　数　136千
定　　价　10.00元

如发现印装质量问题，请与本社调换。电话：（028）86259359
营销电话：（028）86259477　邮购电话：（028）86259694
编辑部电话：（028）86259381

编委会

丛书主编：董仁威

副 主 编：董　晶

编委会成员（按姓氏笔画排序）：

王晓达　尹代群　方守默　方玉媚　韦富章

左之才　阮　鹏　余　兰　陈俊明　松　鹰

罗子欣　姜永育　段丽斌　徐渝江　黄　寰

程婧波　董　晶　董仁威

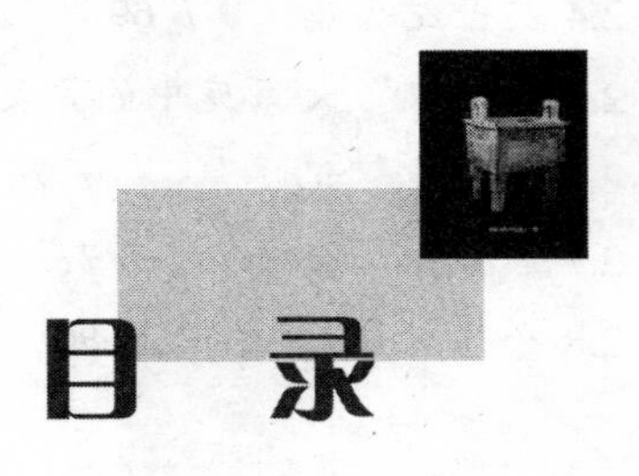

目 录

第一章　材料与人类文明

1.1 青铜时代的中国骄傲　/ 4

1.2 CHINA瓷器　/ 7

1.3 镜子传奇　/ 14

1.4 剑师　/ 18

1.5 “天外来客”　/ 22

1.6 硅谷传奇　/ 25

1.7 玻璃自己会“洗脸”　/ 31

1.8 塑料薄膜的委屈　/ 33

1.9 一千个人坐一把椅子　/ 37

1.10 C_{60}布基球　/ 40

第二章　金属大家族

2.1 金属家族为啥姓金?　/ 49

2.2 拿破仑的“皇冠”　/ 53

2.3 钢铁算老几?　/ 57

2.4 21世纪金属 / 69
2.5 “硬汉”大家庭中的异类 / 72
2.6 金属有“记忆” / 75
2.7 “音乐”金属 / 77
2.8 金属“超人” / 80

第三章 陶瓷新时代
3.1 陶和瓷 / 94
3.2 从厨房走上战场 / 103
3.3 生物陶瓷和“多情”陶瓷 / 106
3.4 无机世界的“主角” / 113
3.5 绚丽多彩的玻璃世界 / 116
3.6 光导纤维究竟是什么纤维? / 134
3.7 水泥和混凝土 / 136
3.8 “一克千金”的纳米材料 / 144

第四章 20世纪的骄傲
4.1 高分子材料的“高” / 151
4.2 家家离不开的塑料 / 154
4.3 塑料怎么“塑”? / 157
4.4 从“的确良”到“凯夫拉” / 159
4.5 橡胶有故事 / 168
4.6 如胶似漆的胶黏材料和不仅“涂脂抹粉”的涂料 / 175
4.7 复合材料 / 181

第一章

材料与人类文明

材料，与能源、信息一起，被称为现代文明的“三大支柱”。人类文明发展的进程和材料结下了“不解之缘”。从原始社会的“石器时代”到“青铜时代”，人类从蒙昧走向开化；“铁器时代”将人类带进农业社会；而“钢铁时代”又造就了工业社会的新文明。从现代科技发展历史来看，每项重大的科学发现和技术进步，都有新材料的推动。所谓“新材料”，就是比“传统材料”性能更为优异的材料。青铜器比石器、陶器更新、更好；铁枪、钢刀打败了青铜剑、黄铜甲；而今天“多才多艺”

材料与文明

的塑料、碳纤维、复合材料、铝合金、钛合金、新型陶瓷、半导体、超导体、光电材料、压电晶体、热敏材料、气敏材料……已使“强悍”的钢铁相形见绌，再也难以“耀武扬威”称霸世界了。

目前，世界上的传统材料已有几十万种，而新材料正以每年约5%的速度增加；现今全球已发明了800多万种人工合成化合物，又以每年25万种的速度递增，其中有相当数量又将成为影响我们生产、生活的“新技术革命”所需要的“新材料”。一场数量和质量“空前”的新材料革命，已经开始了！

作为我们物质生产的材料，按其应用性能，通常分为“结构材料”和“功能材料”两大类。结构材料，是以“机械力学性能”作为使用性能指标的材料。其性能指标如强度、硬度、塑性、韧性、弹性以及疲劳、蠕变等等。通俗地说，就是材料在各种受力情况下表现出来的能力。抗拉、抗压、耐摩擦、硬度高、弹性好的材料就“经久耐用”；而硬度低、易变形的材料就便于加工成型。要求材料有一定的机械力学性能，是一般用作结构的材料的基本要求。建房屋、造机器，做家具、造飞机……选用的材料，主要先必须考虑它们能不能经受各种力的考验，根据不同受力情况选用不同的结构材料。而随着经济发展和科技进步，对结构材料的要求也越来越高，目前很多新材料就是性能更高、更强、更硬、更韧、更耐摩擦、更耐热和塑性更好的新结构材料。

我们使用材料，除了有机械力学性能的基本要求外，还在光、电、磁、声、热及化学性能上有很多不同要求，那些在光、电、磁、声、热及化学性能上有特殊“才能”的材料，称为“功能材料”。功能材料，重在材料的不同特殊功能。如礼堂、剧场、宾馆的“消防自动喷淋灭火装置”，其主要的“自动”元件就是“热敏材料”。当周围温度到达临界危险温度时，热敏元件就非常敏感地立即作出反应——迅速改变其电性能，使感受到其电性能改变的控制设施打开阀门，水就喷淋而出。而不同的“气敏材料”，可以灵敏地“嗅”出有害、有毒，或臭或香的些微气味，比狗鼻子还灵；“半导体”则有在一定条件下是绝缘体，改变条件又成为导电体的特殊本领，美国硅谷就是靠硅晶半导体起家；“光敏材料”对光特别敏感，有的吸收光就能产生电流，太阳能电池就是这种光电材料；而“激光材料”吸收特定频率的光就会被激发放出高方向性、高亮度的激光；精细陶瓷材料的模具，高温下承受上吨的压力也不会碎裂；合成高分子纤维材料制作的防弹衣，可以“刀枪不入”；特殊的“膜材料”，可以让海水变为淡水……人类的“赴汤蹈火”、“脱胎换骨”、“千里眼”、“顺风耳”等神话幻想，都通过这些功能材料成为现实。可以说，每一种新功能材料的出现，都标志着新技术又前进了一大步。

下面我们将分别介绍一些有典型意义的材料。

1.1 青铜时代的中国骄傲

青铜时代，或称青铜器时代或青铜文明，是以使用青铜器为标志的人类文化发展阶段。青铜是铜和锡的合金，因为颜色青灰，故名青铜。由于青铜的熔点为700℃~900℃，比较低，而硬度高，为纯铜（红铜、紫铜）的4.7倍多，所以容易熔铸成型，适于制造容器、工具。基于青铜的这些特点，人类很早就开始

“司母戊方鼎”和罗丹的《青铜时代》

关注并应用这种经久耐用的新材料。青铜时代初期，青铜器具应用较少，还是以石器为主；进入中后期，青铜器皿、工具逐步增加，随之农业和手工业的生产力水平明显提高，与石器时代相比，青铜器起到了划时代的作用。

世界上最早进入青铜时代的是两河流域和埃及等地，始于公元前3000年。世界各地进入这一时代的年代有早有晚。伊朗南部、土耳其和美索不达米亚一带在公元前4000~前3000年已使用青铜器，欧洲在公元前4000~前3000年、印度和埃及在公元前3000~前2000年，也有了青铜器。中国的青铜文化起源于黄河流域，始于公元前21世纪，止于公元前5世纪，大体上相当于文献记载的夏、商、西周至春秋时期，约经历了1500多年的历史。

中国的青铜器制造应用，虽然也属世界早期，但不是最早。但是，关于青铜冶炼及合金理论的文字记载，中国恰是“最早”，可称是青铜时代的中国骄傲。我国春秋末期著名的科技著作《考工记》中，就有世界上已知关于合金成分规律的最早记载——“六齐”。“六齐”是中国古代冶炼青铜的六种铜锡配方比例，是关于铜锡合金成分与性能、用途关系定性、定量的论述："金有六齐，六分其金而锡居一，谓之钟鼎之齐；五分其金而锡居一，谓之斧斤之齐；四分其金而锡居一，谓之戈戟之齐；三分其金而锡居一，谓之大刃之齐；五分其金而锡居二，谓之削杀矢之齐；金锡半，谓之鉴燧之齐。"我们可以看到，随着青铜中的含锡量从1/6、1/5、1/4、1/3、2/5、1/2逐步增加，硬度不断提高，用途也从器皿乐器（钟鼎）、斧头衡器（斧斤）、长矛长戈（戈戟）、刀剑（大刃）、匕首箭镞（削杀矢）到镜子灯具。关于"六齐"，需要说明的是，古代对于合金成分的确定和检测，在科学和技术上都有局限，所以其配比定量与实际有出入，但其反映的趋势和定性的论述是具有科学开创意义的。当年秦始皇统一天下后，"广收天下兵器"熔铸成十二"金人"。其实"金人"是青铜材质，因为当时的兵器就是青铜刀剑，无论是长兵器"戈戟"，还是短兵器"大刃"或"削杀矢"都是成分不同的青铜。

1939年3月19日在河南省安阳市武官村出土的殷代"司母戊大方鼎"，高133厘米、口长110厘米、口宽78厘米、重875千克，鼎腹长方形，上竖两只直耳（发现时仅剩一耳，另一耳是后来复制补上），下有四根圆柱形鼎足，造型雄伟庄重，工艺精美华丽，是目前世界上发现的最大青铜器，也是青铜时代的"中国骄傲"。

由于青铜硬度高、耐磨，现代工业上还用作弹性元件、轴承和耐磨零件等机械工件。一定成分的青铜，还有个反常的"热缩冷胀"特性，所以用来铸塑人物、动物和神、佛的塑像，可以轮廓分明、眉目清晰。假如用其他"热胀冷缩"的金属来塑像，冷却收缩后很可能会"眉目不清、形态模糊"了。我们在纪念堂、公园、广场见到的铜像，绝大部分都是青铜铸造雕塑的。

青铜雕塑《青铜时代》，是法国雕塑艺术大师罗丹的著名雕塑，以“青铜时代”为题，象征人类的启蒙时代。《青铜时代》是罗丹依据真实人物塑造的裸男雕塑，“他”左手握拳，右手扶头，面孔昂起做思索状；右腿微微起步，似乎还不敢迈步，只能轻轻地踮起脚，做出欲向前迈步的姿态。雕塑手法写实，他的眼睛似乎带着朦胧的睡意，然而，他的身体是伸展的，整个雕塑充满了青春活力，意味着人类刚从蒙昧、野蛮的状态中解脱出来，逐渐具有清醒的意识，即将进入文明智慧时期。《青铜时代》是罗丹对“青铜时代”的一种艺术诠释。

1.2 CHINA瓷器

从材料科学来说，陶瓷，是由含黏土（含Al_2O_3、SiO_2、K_2O

青花瓷罐、瓷瓶图

和水及杂质)，长石（含K、Na、SiO_2等）和石英（SiO_2）等无机物的混合物，经成型、干燥、烧成所得制品的总称，包括土器、陶器、炻器和瓷器等。

瓷器是陶瓷制品中的“高级品”。但是，瓷器的意义已不仅在于它的“高级”，而在于中国是瓷器的故乡，在英文中“瓷器”——china一词，已成为中国的代名词。可以说，古代很多外国人，是通过瓷器知道、认识中国的。瓷器，是中华民族对世界文明的伟大贡献，所以，我们对代表中国的瓷器，多说道说道。

瓷器脱胎于陶器，是中国古代先民在烧制“白陶器”和“印纹硬陶器”的过程中，逐步总结经验和探索出来的发明。

烧制瓷器，必须具备三个条件：

一是制瓷原料必须是富含石英和绢云母等矿物质的瓷石、瓷土或高岭土；

二是烧成温度必须要达到1200℃以上；

三是在器表施有高温下烧成的釉面。

大约在公元前16世纪的商代中期，中国就出现了早期的瓷器——“白陶”。商代的“白陶”，以瓷土（高岭土）做原料，烧成温度达1000°C以上，是“原始瓷”烧制的基础。在商代和西周遗址中发现的“青釉器”，已具有明显的瓷器基本特征。烧结温度高达1100℃~1200℃，胎质基本烧结，吸水性较弱，胎色以灰白居多，质地较陶器细腻坚硬，器质表面施有一层石灰釉。但是，它们与真正的瓷器还有差距。因为当时的瓷器，无论在胎体上，还是在釉层的烧制工艺上，都很粗糙，烧制温度也较低，表现出“原始性”和“过渡性”，所以一般称其为“原始瓷”或“原始青瓷”。

“原始瓷”从三千多年前的商代出现后，经过西周、春秋战国到东汉，历经一千六七百年的变化发展，逐步成熟。作为陶器向瓷器过渡时期的产物，与各种陶器相比，具有胎质致密、经久耐用、便于清洗、外观华美等特点，因此受到广泛欢迎而发展迅速。原始瓷烧造工艺水平的不断提高，使瓷器的质量和产量也不断提高，逐渐成为中国人日常生活的主要用器，精美细密的瓷器开始逐渐取代了粗糙厚重的陶器。

真正意义上的中国瓷器，产生于东汉时期（公元25~220年），是在前代陶器和原始瓷器制作工艺基础上开始发展起来的。东汉时期，北方人南迁，以中国东部浙江的上虞为中心的地区，以其得天独厚的条件成为中国瓷器的发源地。浙江上虞县出土的东汉时期“青釉水波纹四系罐”，展示了瓷器烧造工艺发展的初期情况。

东汉以来至魏晋时制作的瓷器，从出土的文物来看多为青瓷。这些青瓷的加工精细，胎质坚硬，不吸水，表面施有一层青色玻璃质釉。这种高水平的制瓷技术，标志着中国瓷器生产已进入一个新时代。

我国白釉瓷器萌发于南北朝，到了隋朝，已经发展到成熟阶段。至唐代更有新的发展。瓷器烧成温度达到1200℃，瓷的白度也达到了70%以上，接近现代高级细瓷的标准。至宋代，名瓷、名窑已遍及大半个中国，是我国瓷业最为繁荣的时期。

宋代瓷器在胎质、釉料和制作技术等方面又有了新的提高，在工艺技术上有了明确的分工，烧瓷技术达到完全成熟的程度，是我国瓷器发展的一个重要阶段。宋代闻名中外的名窑很多，有耀州窑、磁州窑、景德镇窑、龙泉窑、越窑、建窑以及被称为“宋代五大名窑”的汝窑、官窑、哥窑、钧窑、定窑等。各窑的产品，都有它们自己独特的风格。

耀州窑（陕西铜川）产品精美，胎骨很薄，釉层匀净。

磁州窑（河北彭城）以磁石泥为坯，所以磁州窑瓷器又称为“磁器”。磁州窑多生产白瓷黑花的瓷器。

景德镇窑的产品质薄色润，光洁精美，因其白度和透光度之高，被推为宋瓷的代表作品。

龙泉窑的产品多为粉青或翠青，釉色美丽光亮。

越窑烧制的瓷器胎薄，精巧细致，光泽美观。

建窑所生产的黑瓷黑釉光亮如漆，也是宋代名瓷。

汝窑为宋代“五大名窑”之冠，瓷器釉色以淡青为主色，色清润。

官窑是否存在一直是人们争论的问题，一般学者认为，官窑就是窑设于卞京，为宫廷烧制瓷器的“卞京官窑”。

哥窑在何处，也一直是人们争论的问题。根据各方面资料的分析，哥窑最大的可能，是与北宋“官窑”一起烧造生产的。

钧窑烧造的彩色瓷器较多，以胭脂红最好，葱绿及墨色的瓷器也不错。

定窑生产的瓷器胎细、质薄而有光，瓷色滋润，白釉似粉，称粉定或白定。

元代，在被称为“瓷都”的江西景德镇，出产的“青花瓷”已成为中国瓷器的代表。青花瓷洁白的瓷体上敷以蓝色纹饰，素雅清新、充满生机，一经出现便风靡一时，以其“釉质透明如水，胎体质薄轻巧”而闻名于世。青花瓷成为景德镇的传统名瓷之冠。青花瓷与青花玲珑瓷、粉彩瓷和颜色釉瓷，共同并称中国“四大名瓷”。此外，还有雕塑瓷、薄胎瓷、五彩胎瓷等等，均各有特色，精美异常。

唐代，瓷器的制作技术和艺术创作，已达到高度成熟；宋代，制瓷业更蓬勃发展，名瓷名窑风起云涌；明清时代，从制坯、装饰、施釉到烧成，技术上又都超过了前代，成为“瓷器盛世”。

明代精致白釉的烧制成功，以铜为呈色剂的单色釉瓷器的烧制成功，使明代的瓷器丰富多彩。明代瓷器加釉方法的多样化，标志着中国制瓷技术的不断提高。成化年间创烧出在釉下青花轮廓线内添加釉上彩的“斗彩”，嘉靖、万历年间烧制成的不用青花勾边而直接用多种彩色描绘的五彩，都是著名的珍品。清代的瓷器，是在明代取得卓越成就的基础上进一步发展起来的，制瓷技术达到了辉煌的境界。康熙时的素三彩、五彩，雍正、乾隆时的粉彩、珐琅彩都是闻名中外的精品。

清代彩瓷的种类很多，从烧造工艺上来区分，除青花、釉里红等“釉下彩”之外，还可以分为“釉上彩”和“釉上釉下混合彩”两大类。

釉上彩是先烧成白釉瓷器，在白釉上进行彩绘，再入彩炉低温二次烧成，釉上五彩、粉彩、珐琅彩都是釉上彩。

釉上釉下混合彩是先烧成釉下彩 (即在瓷胎上直接绘画图案，罩透明釉高温一次烧成，主要是青花)，然后再在适当的部位涂绘釉上彩，入炉低温二次烧成。青花矾红彩、斗彩、青花五彩，都属于釉上釉下混合彩。最终形成“青花”、“色釉瓷”、“彩瓷”三大系列。

我国古代陶瓷器釉彩的发展，是从无釉到有釉，又由单色釉到多色釉，然后再由釉下彩到釉上彩，并逐步发展成釉下与釉上合绘的五彩、斗彩。

我国的陶瓷业，自古至今，因其产品质量高、形美而长盛不衰，其中著名的陶瓷产区有江西景德镇、湖南醴陵、广东石湾和枫溪、江苏宜兴、河北唐山和邯郸、山东淄博等。

我们都熟悉“丝绸之路”，但知道还有“陶瓷之路”吗?

丝绸与陶瓷，是中国人奉献给世界的两件宝物，甚至在一定程度上影响了使用中国丝绸和陶瓷的世界其他民族的生活方式和价值观念。菲律宾等国的“马来人”将中国陶瓷作为神物供奉；伊斯兰人设宴接待贵宾，盛饭、装菜要用中国的大青花瓷盘；非洲人将中国瓷器装于清真寺、宫殿等建筑上，用以“镇妖避邪”。而古罗马人将中国的丝绸奉为上流社会的豪华尊贵服饰和贵妇的美艳奢侈品，并在公元一世纪前后引发了一场“丝绸与道德”的论争。丝绸与陶瓷作为物质产品出现，不仅在于它们的使用意义，而由此延伸出来的两条大道，从文化、经济上重新定位了中国与世界的关系。

“丝绸之路”一词，是由德国地质学家李希霍芬1877年提出来的，他曾七次沿着这条商路来到中国，著有三卷本的《中国》一书。他所指出的“丝绸之路”（The Silk Road），肇始于西汉，从当时的国都西安出发，经河西走廊，沿楼兰古城，过阿拉山口，出中亚、西亚抵安息、大秦等地，这是“丝绸之路”最主要的一条通道。此外，在中国的西南、东南沿海也存在“丝绸之路”。经过的地域有沙漠、草原、高原、高山、平原、海洋等风貌，蕴含着无数的欢乐、希望、酸楚和艰辛。“丝绸之路”因丝绸而发展，后来逐渐演变为“文化之路”，现代将其命名为“亚欧大陆桥”，已成为世界上诸多文化交流的桥梁。在这条路上，最为成功的“文化传播”是宗教。自汉代张骞出使西域、甘英出使大秦，这公元前60年的历史时期，在中国历史上光辉闪烁。其后“春风度过玉门关”，又有了“劝君少饮一杯酒，西出阳关有故人”的外交含义。这条路，让中国人结识了波斯人、阿拉伯人、希腊人、罗马人、日本人、朝鲜人、印度人和欧洲人……

而“陶瓷之路”，是20世纪60年代，日本古陶瓷学者三上次男先生总结他多年来在世界各地对“中国陶瓷”的考古成果，在他潜心著就的《陶瓷之道》一书中提出的。他提出的“陶瓷之路”（The China Road)，发端于唐代中后期，是中世纪中外交往的“海上大动脉”。因为瓷器不同于丝绸，不宜在陆上运输，故选择了海路，这是第二条“亚欧大陆桥”。在这条商路上还有许多其他商品在传播、交易，如茶叶、香料、金银器……之所以命名为“陶瓷之路”，是因为贸易以瓷器为主。也有人将这条海上商路称为“海上丝绸之路”。唐代中后期，由于土耳其帝国的崛起等原因，“陆上丝绸之路”的地位开始衰败，而“海上丝绸之路”逐渐发达。这“海上丝绸之路”也就是“陶瓷之路”的起点，在中国的东南沿海，沿东海、南海经印度洋、阿拉伯海到非洲的东海岸；或经红海、地中海到埃及等地；或从东南沿海直通日本和朝鲜。在这条海上商路沿岸，洒落的中国瓷器碎片像闪闪明珠，照亮着整个东南亚、非洲大地和阿拉伯世界。唐代史书记载，唐代与外国的交通有七条路，主要是两条：安西入西域道、广州通海夷道，即“陆上丝绸之路”和“海上陶瓷之路”。如果说，“陆上丝绸之路”给中国带来了“虔诚宗教”，那么“海上陶瓷之路”则意外地为殖民掠夺打开了方便之门。因为，16世纪以后的“海上陶瓷之路”，在某种意义上成了殖民掠夺之路。

陶瓷与丝绸作为中国的“两大宝”，为中国赢得了“陶瓷之国”与“丝绸之国”的世界美誉。然而，这两条“路”的命名人，居然都是外国学者，我们除了感谢，还应该想些什么和说些什么呢？

1.3 镜子传奇

爱美，是人类的天性。爱美，就要梳妆打扮，梳妆打扮就想照镜子。镜子，就是美的伴侣。古代的“天然镜子”，就是平静的水面，井水、池水、河水的平静水面，都可当镜子。于是，古代有了很多井镜、池镜的美丽传说，留下了“西施井”、“贵妃池”等名胜古迹。石器时代似乎有“石镜”的传说，2400多年前有人用“黑曜石”打磨后，可照人影。可惜这“最早的石镜”没有传下来，而古山洞中“石壁留影”遗迹，恰留下了当时人类“爱美”追求的纪念。青铜时代，据传已有“金镜”、“银镜”出现，但毕竟是只有帝王贵胄才能享用的贵重奢侈品，难以流传。制造青铜镜的“青铜”是铜锡合金，这种铜锡合金中含锡量最高的“青铜”，硬度很高，不易磨损、变形，这就可以打磨得光滑平整，充分反射光而照见人影，正适合做镜子。据考证，我国从战国时开始用雕好的陶模浇青铜水铸成镜，背面铸有花纹，正面磨光照人，这便是“青铜镜”的起源。汉代，青铜镜采用“玄锡”作表面涂料，即今天被称为水银的汞，使镜面更为平整光亮。青铜镜的出现，使审美和经济性有了新的平衡，开始广为流传。汉代时，青铜镜通过丝绸之路传到了西方。逐渐，青铜镜制作把生活审美和艺术情趣结合得更为密切，精美的青铜镜甚至成为社会地位的表征。

我国南北朝时期的北朝民歌《木兰词》中“当窗理云鬓，对镜贴花黄”，所对的“镜”，指的就是青铜镜。我国唐代，唐

“西施井”、青铜镜

太宗李世民有句名言：“人以铜为镜，可以正衣冠；以古为镜，可以见兴替；以人为镜，可以知得失。”其中“正衣冠”的铜镜，也是青铜镜。1976年在河南殷墟考古发现的一面青铜镜，经考证是3200多年前的古镜，是我国发现的“最古老”的青铜镜，经清理后，依然“光可鉴人”。

20世纪50年代，日本冈山古墓发现中国古代“青铜魔镜”，引起全球轰动。这13个古青铜镜经考证距今已1800多年，其中有几个被称为“魔镜”的古青铜镜，在阳光照射下反射出来的光影中，竟然有铜镜背面的精致花纹。一时传说纷纭，传为惊世奇闻。后来，我国科学家解开了这惊世之谜。原来，特定成分的青铜有“冷胀热缩”的特性，铸造的青铜镜可在镜背面铸出精致细密的花纹，镜面经打磨光滑后，由于背面花纹高低凹凸造成镜面的截面厚薄不等，镜面在青铜组织内应力影响下形成了与花纹对应的很小的高低凹凸不平，在近距离“照镜子”时，这“很小的高低凹凸不平”不影响镜面影像而难以察觉，而远距离反射光影时，这与背面花纹对应的“很小的高低凹凸不平”就反映明显了。我国科学家不仅进行了科学的解释，还成功地复古仿制出了“青铜魔镜”，彻底破解了“魔镜”的“魔法”。

青铜镜为爱美的人们忠诚服务了近两千年。15世纪初期，爱美的人们都依然对着青铜镜“正衣冠”、“贴花黄”，世界上第一面玻璃镜子，此时首先出现在被称为“亚德里亚海女王”的威尼斯公国。

当时，威尼斯这个由一百多个岛组成的“海运之国”，是地中海的最大贸易中心，经济繁荣、工业发达，还是世界玻璃产业中心。先是有人发现，在青铜镜上覆以平整的玻璃来“照脸”，效果不错，只是不太方便，而且铜镜与玻璃间的缝隙进了水汽，容易使铜镜表面氧化变色影响使用。但这种玻璃—青铜镜开始在名门闺秀、富家贵妇的“女人世界”流行。聪明的威尼斯人从中看到了商机，先是试图在玻璃上直接浇上金属熔液，没有成功。有一次，一个技师将锡熔化后，倒在光滑的大理石上，然后又加了一些水银，水银溶化到锡液中变成了液态的锡汞合金；接着，他又把一块磨平的玻璃放了上去，一层薄薄的银光闪闪的锡汞合金牢牢地黏在了玻璃上，他终于发明了玻璃制镜技术，制造了世界上第一面“威尼斯玻璃镜子”。

比铜镜更为轻巧、清晰的威尼斯玻璃镜子，很快就成了欧洲贵族、富商们争购的时尚珍品。据说，在法国皇室婚礼上，一面不大的威尼斯玻璃镜子礼物，竟价值十五万法郎！威尼斯，当然靠威尼斯玻璃镜子发了不小的财。威尼斯为了自己的利益，必须严守制镜秘密，威尼斯政府甚至立法规定：泄漏制镜技术秘密给外国人者，处死！同时，把全国分散的制镜场、小作坊和工厂，集中迁往孤岛木兰诺，并对制镜的人和物进行严格管理和严密封锁。

但是，不少欧洲人不甘心威尼斯商人独享玻璃镜利益，千方百计探听制镜秘密，甚至通过大使“挖墙脚”收买威尼斯制镜技师。1666年，法国终于在诺曼底建立了“法国”制镜厂，法国皇室、贵族开始用法国造的威尼斯镜子了。逐渐，威尼斯玻璃镜子衍生了法国玻璃镜、英国玻璃镜、意大利玻璃镜……在欧洲开始流传。

玻璃镜的“锡汞齐”技术，虽然流传到了欧洲，但这种技术工艺的效率很低，一面镜子的制作竟要一个来月的时间；而且，原料水银有毒，对人和环境危害很大。后来，德国科学家发明了利用“银镜反应”的“镀银”制镜技术。“银镜反应”是指利用葡萄糖把硝酸银中的银离子还原成金属银，沉积（镀）在玻璃上形成“银镜”。我们现在使用的玻璃镜子，基本上都是这种镜子。银光闪闪的热水瓶、保温杯的瓶胆，也是应用“银镜反应”在玻璃瓶胆上镀的银。“银镜”大大提高了玻璃镜的质量和生产效率，使玻璃镜子开始形成真正的工业规模生产的产业，玻璃镜子也从此开始进入世界各国寻常百姓的千家万户。

如果将镜子的玻璃做成特殊的形状，它的用处就更大了。例如汽车上的凸面反光镜，利用它可以观察较大范围内的情景；五官科医生头上的凹面反光镜，可将光线聚于一处，便于观察患处；各种各样的“哈哈镜”，更是集各类镜子之大全，它的变形功能常常逗得人们哈哈大笑。

近二十多年，有一种“一面反光一面透光”的新型“单向”玻璃镜，也用作时尚的“银面”太阳镜。这是应用了新的玻璃镀膜技术，在玻璃上镀上极薄一层银膜，从银膜方向可透光，而从玻璃方向则反光。近年，又发明了“镀铝”制镜技术，玻璃镜子的原料，终于从贵金属银走向了更为价廉物美的铝。玻璃镜的用途也从生活审美开始大大扩展领域，哈哈镜、万花筒逗人乐，而聚光镜、反光镜、潜望镜……早已在能源、国防、交通等工业和科技领域施展身手了。而现在，有“纳米镀层”的玻璃镜，不仅可具有镜面透光、反射的特点，还能防污、自净，甚至有的可以发电、照相、接收无线电信息……镜子的传奇历史，看来还会不断写下去。

1.4 剑师

在说科学道理之前，先说个故事。

很久很久以前，山乡有位远近闻名的“剑师”。这位“剑师”不精刀法、剑术，而以所铸锻的刀剑、犁铧锋利坚韧著称，因而被乡民尊称为“刀剑师傅”，简称“剑师”。

一天，有位气势轩昂的客人找上门来，持宝刀欲与“剑师”

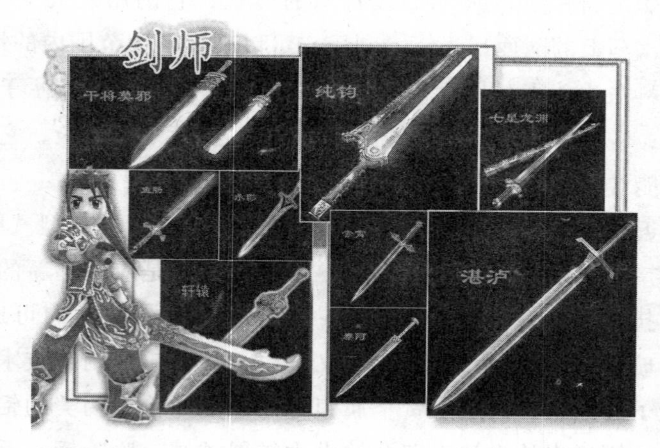

剑师

比刀。剑师不知“刀客”有何用意，以没有合适刀剑应对作为推托之辞。

刀客轻轻一笑，说：“什么剑师？虚有其名不敢比试吧！”

剑师看了一眼刀客的宝刀，仍推辞说：“在下虚名不足挂齿，先生祖传宝刀确是名不虚传，好刀，好刀。改日再试吧。”

刀客更傲气地哼哼一笑，说：“不敢比试就不比试，说什么改日，不如把你的剑师名号也改改吧！哈哈，不如改名菜师、瓜师，切菜砍瓜的师傅……”

剑师见他不怀好意,且步步相逼，就微微一笑说道：“看来先生今天是非要比试一番，就当我是莱师，我拿把现成的菜刀来试试吧。我可无法与你比剑术刀法，就用菜刀来“交锋”吧。”说完随手就拿起了一把菜刀。于是，他们相约，各砍一刀再验刀刃。

“哨，哨”两声，先看菜刀，菜刀刀刃毫发未损；再看宝刀，刀刃留下一深一浅两道裂隙。刀客顿时傻了眼，满脸通红地慌忙持刀作了一个揖，然后转身掩脸而走。宝刀比不过菜刀，太丢脸了。没料到，剑师一把拉住刀客，说道：“宝刀不假，是好刀，只是刀刃已被退火，所以不敌菜刀。”

刀客惊异地答道：“退火？几天前我家库房失火，宝刀是从火场灰烬中抢出来的，难道这就会退火？”

剑师听罢拍一下手说道：“这就对了。刚才试刀前我看宝刀刀锋变色，估计有问题，果然如此！问题好解决，愿意让我‘补炼’宝刀吗？”

“愿意，愿意”，刀客当即跪下呈上宝刀。剑师即开炉锻锤，一时三刻锻合裂隙，后急火烧透，以山泉清水激冷，再细磨刀刃。工毕，剑师把宝刀授予刀客，自己依然持菜刀相砍，宝刀一刀砍来，菜刀竟被劈破成两半。

剑师大笑："宝刀不假！好刀，好刀！"刀客拿着宝刀泪如泉涌，接着抱拳跪拜，大叫三声："剑师！剑师！！剑师！！！"声振群山，回音不绝。从此，剑师名声更盛。

不久，有少年慕名前来拜师学艺，剑师不置可否。少年守着三日不走，剑师就叫他扫地、打柴以杂役使唤，少年无怨无悔十分敬业。三个月之后，剑师见他心诚意恳，才同意收为门徒。剑师明令徒弟：半年内只能在一旁看农具、看刀剑、看铸锻操持，不动炉器、工具；一年后才上炉升火、加炭、加热铁坯、熔铁水；两年才许动工具、抡大锤；第三年学辨材质、看火候，学打坯件……徒弟十年精心学艺，剑师技艺尽学在身。一些小件农具、菜刀，已不需师傅指点，完全由徒弟制作。剑师偶有风寒伤病，有客户求购刀剑，徒弟也能应付自如。逐渐，徒弟亦有"小剑师"之称。十五年后，征得剑师同意，徒弟终于下山，在市镇以"小剑师"名号另立门户。小剑师开业，剑师专程相送工具、炉器。

小剑师市口方便，开张后客流不断、生意兴隆。但仅半年，客户又奔剑师而去。小剑师纳闷自问，材质技艺、待人接物均严从师授，价格上还自认为"小"而低于师傅，难道真是货不如师？细问客户，果然是"差一点"。同样的农具、刀剑，锋利程度"差一点"，坚韧程度"差一点"。小剑师多日认真细想自己步步技艺，觉得严守"师规"未有僭差错。久思不得其解，逐进山叩问剑师。

剑师听徒弟问话，笑而不答，用手指指门外之泉井。徒弟望着清澈井泉沉思良久，顿然醒悟，恭恭敬敬地对剑师说："我明白了，做人、做工，我都学您，也可以带走，但是，您的技艺是和山水分不开的，这山这水我可带不走。"不久，小剑师重返剑师门下……

徒弟明白了，你明白吗？为什么离了山泉，刀剑就会差一点呢？原来，刀剑、农具制造过程中，材质相同，加热、铸锻技术环节中，最后的水冷淬火是关键。水质不同，冷却速度不同，成品工件组织结构也会不同，性能也就不同。井泉一般含有一定矿物质，与河水、湖水水质不同，冷却速度也不同。剑师长期在山中，摸索出使用山泉冷却淬火的完美技艺，徒弟用市镇的河水、井水淬火，就会“差一点”。

数年后，小剑师再度下山，携“剑师秘籍”一纸，乃是师徒“研发”之“淬火药方”，用以调剂水质，控制冷却速度，以保证刀剑锋利坚韧。从此，小剑师、剑师比翼双飞。若干年后，剑师垂老，小剑师撤下自己旗号，高举剑师大旗，闻名遐迩……

故事讲完了，科学道理就在其中，讲的都是钢铁“热处理”。刀客宝刀本来异常坚韧锋利，被大火加热退火后就变“软”，就会被菜刀砍裂。但宝刀经剑师重新加热淬火后，又变得坚韧锋利。再进一步说，宝刀与菜刀材质不同，前者多为“合金钢”，而菜刀只是“碳钢”，同样淬火后宝刀当然更锋利，可以把菜刀砍成两半。而泉水与井水因水质不同，淬火时冷却速度不同，最后导致刀剑的坚韧程度也就有差异。“剑师秘籍”就是调制“淬火剂”的配方，以获得不同的冷却速度，从而获得理想的产品组织结构和性能。现代热处理也是如此，如碳钢淬火，水中加入食盐可提高冷却速度；而合金钢淬火用油冷，冷速就减缓。

1.5 “天外来客”

地球上的物质材料，大部分是“自然天生”，其实地球只是浩瀚宇宙的一小“点”，地球上的“天然材料”只是“宇宙材料”中的一点点。亿万年来，不断有“天外来客”降临，“陨石”、“陨铁”是常见“宇宙材料”。而1908年俄罗斯西伯利亚通古斯地区发生的“大爆炸”，有人认为是“宇宙反物质”降临地球惹的祸。“反物质”与地球上的“正物质”相撞，伴随正、反物质“湮灭”而产生的“大爆炸”，威力相当于2000颗巨型原子弹同时爆炸。爆炸的巨响震荡着万里长空，声音传到了1000千米以外；炽热的火球在空中翻滚，熊熊烈焰把2000平方千米范围内的树木全部烧毁；巨大的气浪冲击着四面八方，100平方

陨石、陨铁及“通古斯大爆炸”

千米以内的房屋屋顶全都被掀掉……当然，“宇宙反物质”是对通古斯大爆炸众多假说中，有待验证的一说。究竟“通古斯大爆炸”是怎么回事，至今仍是个众说纷纭的谜。

陨石，也称“陨星”，是地球以外的宇宙流星脱离原有运行轨道散落到地球上的石体，是从宇宙空间落到地球的“宇宙天然”固体。它是人类直接认识太阳系各星体珍贵稀有的实物标本，极具研究、收藏价值。据科学家10年观测得到的平均数据，每年降落到地球上的陨石约有20000多块，重达20多吨。由于多数陨石落在海洋、荒原、森林和山地等人烟稀少的地区，所以被人发现并采集到的陨石，每年只有几十块，数量极少。

陨石是来自地球以外太阳系其他天体的碎片，绝大多数来自位于火星和木星之间的小行星，少数来自月球和火星。全世界已收集到4万多块陨石样品，它们大致可分为三大类：石陨石(主要成分是硅酸盐)、铁陨石（铁镍合金）和石铁陨石（铁和硅酸盐混合物)。陨石的大小不一，形状各异，最大的石陨石是重1770千克的吉林1号陨石；最大的铁陨石是纳米比亚的戈巴铁陨石，重约60吨；中国铁陨石之冠是新疆清河县发现的“银骆驼”，约重28吨。陨石中“球粒陨石”占总数的91.5%，其内部含有大量毫米到亚毫米大小的硅酸盐球体，是从原始太阳星云中直接凝聚出来的产物，是太阳系内最原始的物质，它们的平均化学成分代表了太阳系的化学组分。

从材料的角度来看，我们关注宇宙星体的物质组成，关注它的硅酸盐、铁、镍、钙、硅、硫……以及地球贫缺元素的含量。而研究陨石的意义，不仅在于它的材质，科学家从陨石研究中，还发现了宇宙形成发展的秘密，发现了地球形成和“生命起源”的诸多信息。

近年，科学家们在二三十亿年前的陨石中，发现大量“原核细胞”和“真核细胞”。因此科学家断定，在宇宙中甚至是太阳系在45亿年前就有生命存在。在含碳量高的陨石中还发现了大量的氨、核酸、脂肪酸和11种氨基酸等有机物，因此，人们认为地球生命的起源与宇宙星体、陨石有相当大的关系。

最近，世界各国科学家在南极地区和非洲沙漠地区收集到了大量的陨石样品，其中包括罕见的月球陨石和珍贵的火星陨石。美国科学家1996年报道在南极发现的火星陨石中发现了火星生命的迹象。中国南极考察队先后3次在南极的格罗夫山地区发现并回收了4480块陨石，其中有两块是来自火星的陨石，属于较稀有的二辉橄榄岩，全世界仅有6块这样的陨石。

若是你面前有一堆石头或铁块，你能分辨出哪一块是陨石，哪一块是地球上的岩石或自然铁吗?

熔壳和气印是陨石表面的主要特征。

陨石在高空飞行时，表面温度达到几千摄氏度。在这样的高温下，陨石表面熔化成了液体。后来，由于比较浓密的低层大气阻挡，速度越来越慢，熔化的表面被冷却形成一层“熔壳”。熔壳很薄，一般在1毫米左右，颜色是黑色或棕色的。在熔壳冷却的过程中，陨石表面气流的痕迹也保留下来，称为“气印”。气印很像在软面团上按的手指印。若是你看到的石头或铁块，表面有这样一层熔壳或气印，那你可以断定，这是一块陨石。但是，年代较长的一些陨石，由于长期的风吹、日晒和雨淋，熔壳脱落，气印也难以辨认，那也不要紧，还有别的办法来辨认。

石陨石外形与普通地球岩石相似，但用手掂量比同体积的岩石重些。

石陨石一般含百分之几的铁，有磁性，用吸铁石试一试便可分辨。

另外，仔细看看石陨石的断面，会发现有不少的小的“球粒”。球粒一般有1毫米左右，也有大到2~3毫米以上的，90%以上的石陨石都有这样的球粒，它们是陨石生成的时候产生的。这是辨认石陨石的又一个重要辨认标记。

更精准的判断，就让仪器和专家们去进行吧。

此外，还有一种陨石被称为“玻璃陨石”，呈黑色或墨绿色，有点像石头，又有点像玻璃，是一种很特别的“非晶态”玻璃状物质。它一般都不大，重量从几克到几十克，形状稀奇古怪，五花八门。到目前为止，已发现的玻璃陨石有几十万块，它们的分布有明显的区域性，似乎与某些方位的星体有关而令人“遐想无限”。事实上，关于玻璃陨石的来源和成因，一直没有定论，至今仍是有待深入研究的“未解之谜”。

陨石的“材料科学”意义，也许不在乎它的存量和具体应用，而是给我们更多的科学启示，能从更为开阔的宇宙历史角度来认识地球上的资源和材料，这对新材料的研发无疑是极具积极意义的。

1.6 硅谷传奇

硅谷，当年也就是个有硅石、硅砂的谷地，如今已以“IT业的圣地”、“高科技的发源地”而闻名遐迩。凭什么？硅谷就是凭硅而“发迹”。

硅！硅有啥稀奇？硅（Si），是仅次于氧的地球天然元素“老二”，占地壳总重的26%，是地球自然界的丰含元素，主要以二

Si的用途

氧化硅的形式存在于花岗岩、玄武岩和沙石之中。地球上的岩石、沙石可称遍处皆有，常见的河沙、海沙、岩沙，都是以二氧化硅为主体的“硅资源”。而大家熟知的“水晶”，也就是纯净的二氧化硅，学名石英水晶，这是很稀罕的。

20世纪五六十年代，科学家发现硅单晶体有优异的半导体性能，于是世界各国竞相开始研制硅晶半导体。研制的第一步，就是寻找优质的硅资源。但纯净的二氧化硅晶体“硅石英水晶”，非常稀少，而一般的硅砂中，都含有其他不易分离的杂质。从结合牢固的化合物二氧化硅中提炼出硅，已经十分困难，再要去除杂质又难上加难。所以各国都尽力先寻找“纯净”的沙，硅谷的石英岩石、硅砂杂质特别少，有利于从中提炼硅，于是有人就在硅谷挖沙石炼硅，然后制取单晶硅，制成硅晶半导体、硅晶片、电脑芯片……硅谷就从石英岩石、硅砂开始走上辉煌的高科技之路。

当然，世界上盛产优质硅石的“硅矿”并非“硅谷”一处，如大量供应日本半导体硅石原料的法国“菲鲁道尤阿莱硅矿”，这个20世纪50年代初就开始开采的硅矿，号称“世界最大”硅石矿，年产硅石近10万吨。但其优质硅石的90%都用作玻璃、陶瓷的原料，仅10%作为半导体原料出口。美国人认识到了硅作为半导体原料的重要性，硅谷的硅石、硅砂，都用来熔炼成晶体硅作为半导体原料。所以美国的硅谷虽然比法国的硅矿起步晚了十几年，产量也远比不上，但陶瓷、玻璃原料怎能与半导体原料相比呢？硅谷的腾飞原因中，“美国观念”作用非常关键。所谓的“天时、地利、人和”，硅谷已具备了优质硅石的“地利”，又有了“美国观念”的“人和”，那么“天时”呢？

在20世纪50年代末，科学家发现晶体材料的特异“半导体”性能后，世界各国都对“半导体材料”十分关注。到20世纪60年代初，美国、苏联在半导体的研发水平上相差不多，英国、法国、日本和中国也不落后，当时的“主流”半导体材料是金属晶体锗（Ge），但当有科学家发现硅晶体的半导体性能后，“喜新厌旧”的美国人很快就把新材料硅晶体作为主攻方向全力研发，而硅谷的优质硅石开采，正好“适逢其时”。而苏联的研发重点还是在锗上；英、法等国对硅晶半导体的研发还在犹犹豫豫；日本也追随美国转向钻研硅晶半导体。就从此时开始，具备“天时、地利、人和”的硅谷开始了腾飞，美国的半导体技术也因此拉开了与苏联的距离。而日本和美国以后的“半导体战争”，也在此时埋下了伏笔。

硅晶体可作半导体材料，但硅石、硅砂要成为硅晶体，并非轻而易举。硅晶体半导体材料的纯度要求达到“11个9”，即99.999999999%；而且还要求，晶体中的硅原子必须“排列整齐”成为“单晶硅”。要求原子排列不能有丁点儿紊乱，不能混有一点杂质，条件非常苛刻。所以，为了获得符合要求的硅晶体，通常从原料选择开始就非常严格。首先排除杂质多、杂质难除的普通硅石、硅砂。优质的硅石、硅砂，一般先在电炉中熔炼，成为纯度为97%~99%的“多晶硅”，再把“多晶硅”通过化学反应生成三氯甲硅烷（$SiHCl_3$）气体，并对$SiHCl_3$气体进行蒸馏“纯化”。因为，$SiHCl_3$的纯度对硅纯度的影响很大。然后，将$SiHCl_3$气体与氢气进行“还原反应”，以获得高纯度的硅。但是，这种高纯度的硅，还只是原子排列不太规则的“多晶硅”，还需再次熔炼、冷却，使原子“有序”结晶，形成具有半导体性能的硅“单晶体”棒，最后“切片”制成半导体“晶片”。集成电路就在“晶片”上加工制成。近年，美国、日本、德国、英国的单晶硅产量，占世界总产量的80%以上，属“单晶硅”大国。我国，正在奋起直追，在多晶硅、单晶硅和超大规模集成电路芯片的研发上，已开始走上“自主知识产权”之路，“中国龙芯”也已进入世界先进行列。

在硅晶体、晶片及集成电路的复杂生产全过程中，必须保证“超净环境”，严防“空气尘埃”，大部分作业都在不同等级的“净化室”中进行。如最普通的办公室、接待室，都要达到最低的“F级”。一般的“C级”作业室，净化要求是1立方英尺（约0.028立方米）空气中，粒径为0.5微米（0.0005毫米）以上的尘埃数，不多于10000个。1万个，似乎不少，但如果我们知道一般城市空气中的尘埃数，1立方英尺中高达数百万个，就明白这净化要求不低。任何进入“C级”作业室的工作人员，都必须穿防尘服、戴上帽子、口罩，只露出眼睛和手。手，还得“清洗10秒以上”。然后再通过30秒的“空气淋浴”，并且规定，女工不准留长发和“涂脂抹粉”化妆……一切为了“洁净”，一切为了质量。

要知道，一颗0.5微米的尘埃混入晶片，制成的集成电路就会报废，必须在“洁净”上严防死守，这也是半导体晶片生产中公开的秘密。在日美“半导体战争”中，20世纪80年代初，日本的64K芯片领先美国，日本并不是在技术上超前，而是在“洁净”上狠下工夫，成品率达到50%以上而大大超越美国，在市场上以高成品率形成的低价格，压住了美国“老大”。

硅晶体，不仅是重要的半导体材料，还是太阳能“光伏电池”的重要原料。1994年全世界太阳能电池的总产量只有69MW，而2004年就接近1200MW，在短短的10年里就增长了17倍。专家预测，“太阳能光伏产业”在21世纪前半期，将超过核电成为重要的基础能源。

太阳能光伏电池的原材料是单晶硅晶片，在硅晶片中属太阳能级；而电子级的硅晶片，用作半导体集成电路芯片。而多晶硅，则是单晶硅的原材料，制造的集成电路芯片和太阳能光伏电池都属高新技术，所以世界各国都习惯用多晶硅的产量，作为衡量各国高新技术水平的指标。多晶硅市场按纯度需求不同，分为电子级和太阳能级，其中用于电子级多晶硅占55%左右，太阳能级多晶硅占45%。据国外资料分析，2005年世界多晶硅的产量为28750吨，其中半导体级为20250吨，约占70%；太阳能级为8500吨，约占30%。当年，半导体级市场需求量约为19000吨，略有过剩；而太阳能级的需求量为15000吨，供不应求。从2006年开始，太阳能级和半导体级多晶硅的市场需求均有缺口，其中太阳能级产能缺口更大。到2008年，太阳能多晶硅的需求量已超过电子级多晶硅，多晶硅供应不平衡的局面愈演愈烈。长期以来，多晶硅材料的生产技术掌握在美、日、德3个国家7个公司的10家工厂手中，形成了技术封锁和市场垄断。

我国多晶硅工业起步于20世纪五六十年代，生产厂多达20余家，但由于生产技术难度大，生产规模小，工艺技术落后，环境污染严重，耗能大，成本高，绝大部分企业因亏损而相继停产和转产，到1996年仅剩下4家，合计当年产量为102.2吨，产能与生产技术都与国外有较大的差距。21世纪，我国的多晶硅工业进入了发展的新阶段，生产规模和技术都有了长足的进步。2006年四川年产千吨的多晶硅生产线建成投产，标志着中国多晶硅工业也站上了“千吨级”行列，而上海、重庆、江苏、浙江、云南、黑龙江、辽宁、河北、青海、内蒙、广西、湖北等地也都陆续兴建现代多晶硅生产基地，预示着我国正向多晶硅“大国”迈进。

单晶硅太阳能电池虽然在现阶段的大规模应用和工业生产中占主导地位，但是也暴露出许多缺点，其主要问题是成本过高。受材料价格和制备过程的制约，大幅度降低单晶硅太阳能电池成本，是非常困难的。作为单晶硅电池的替代产品，现在发展了“薄膜太阳能电池”，其中包括“非晶硅薄膜太阳能电池”、“硒铟铜和碲化镉薄膜电池”、“多晶硅薄膜太阳能电池”。其中最成熟的当是非晶硅薄膜太阳能电池，其主要优点是成本低、制备方便，但也存在“不稳定”的缺点。而多晶硅薄膜电池由于所使用的硅晶体量少，实验室效率已达18%，又无效率衰减问题，高于非晶硅薄膜电池的效率，且有可能在廉价底材上制备，其预期成本远低于单晶硅电池。因此，多晶硅薄膜电池被认为是最有可能替代单晶硅电池和非晶硅薄膜电池的下一代太阳能电池。现在，多晶硅薄膜电池已经成为国际太阳能领域的研究新热点。

1.7 玻璃自己会“洗脸”

玻璃，为家居住房透阳光、避风雨，为高楼大厦添光彩、

玻璃幕墙大厦、天空中“纳米天网”

增气派，但是，清洗玻璃，特别是高楼的外窗和玻璃幕墙，恰是个十分麻烦的事。而近年问世的“自净玻璃”，成功地解决了这一难题。

自净玻璃，会自动“洗脸、美容”的秘诀是纳米技术。自净玻璃，就是涂上了一层40nm（纳米）厚的二氧化钛（TiO_2）膜的玻璃。这厚度相当于头发丝直径1/1500的二氧化钛“纳米膜”，在阳光照射下，可吸收紫外线，“催化”玻璃上的污脏有机物分解；并使玻璃具有“亲水”性，可以吸附水汽、雨雾而湿润，污脏物可随时被“清洗”；还可以不断分解空气中的甲醛、苯、氨等有害气体，灭杀空气中的细菌、病毒。

当然，自净玻璃的功能主要还是“自净”，不能过分夸大，如果把它当成住房的“除污灭菌器”就会有问题。在油污、灰尘严重的环境里，仅靠窗户“自净玻璃”的“自净”功能，也会力不胜任而难以保持洁净的。

自净玻璃的神奇“自净”功能，是二氧化钛“纳米膜”的作用。不同“纳米材料”有不同的“神奇”功能。玻璃涂上不同材料的“纳米膜”，有的可以既“透光”又“反光”成为“单向”玻璃；有的可以有“光电效应”，白天“透光”、“储能”，晚上“放光”、“发电”；有的有“半导体效应”，可以“接收”、“检波”无线电波信息，充当电视、电台的“天线”。而可以拦截导弹和屏蔽、干扰空间无线电通信的“纳米天网”，更是令人啧啧称奇。

最近，以色列发布一则消息，宣布他们研制的反导弹纳米“蒲公英”成功问世。这说明纳米材料的应用，在军事上又有重大突破。以色列的反导弹纳米“蒲公英”，是由飞机在空中撒开的一张由“纳米电子纤维”组成的“天网”。由于是“电子纤维”，就可以干扰导弹的电磁波“定位”和“导航”；由于是直径130nm的“纳米材料”，轻盈、坚韧，甚至肉眼都难以察觉，可以飘浮在空中而不会坠落。导弹在空中遇到这样的“天网”，就会被搞得晕头转向……一张上万平方米的“蒲公英”纳米电子纤维网，也许不到1000克，一架飞机带上几百千克“蒲公英”，就足以在空中为导弹布下“天罗地网”。他们为“纳米天网”用满天飞舞的蒲公英命名，也为“反导武器”添加了一点轻柔的浪漫风情。虽然，这则以色列“军事信息”中，没有透露“纳米电子纤维”究竟是什么纳米材料，肯定是“绝密军机”，详情也有待进一步核实，但给我们展现了“纳米材料”军事应用的惊人现实。看来，纳米技术作为高技术，也和其他高技术相似，最初都是在军事、国防上首先有所突破。计算机的发明，就是为了新型大炮的弹道计算；原子能的最先应用，是原子弹；而火箭技术也是先用于战争中的“飞弹”……

1.8 塑料薄膜的委屈

塑料薄膜，是一种应用广泛的高分子合成材料制品，已深入渗透到生产、工作、生活各个领域。说它“无处不在”是一点不过分的。

农业中蔬菜大棚保温、保湿靠它；育苗保墒用它；粮食、化肥、农药包装要它。“白色农业”培育菌、菇靠它；果子防病毒、避虫害用它；鱼虾鲜货的“带水软包装”也需要它……农业还真是离不得它。

工业应用中防潮、防锈、防氧化的“真空包装”；防水、防

塑料大棚、包装塑料与“白色污染”现场照片

污的“外包装”；书籍、文件、证件要“加膜”；食品、饮料的“卫生包装”；电机、电器的防尘和“绝缘”；汽车、飞机、轮船的许多配件；高科技的“渗透—反渗透”材料……更是不胜枚举。

而服务业中、家居生活中，塑料薄膜的应用更是不费思考信手拈来。哪家没有几十个食品袋、服装袋和垃圾袋？

真要“弃用”塑料薄膜，说是会“寸步难移”有点夸张，但肯定很不方便。用纸、布等可以暂时替代，若算算综合账，纸、布的制作成本和价格高，耗能、费时多，而且纸、布的生产、制作过程，造成的环境影响和“污染”，似乎也不低。

塑料薄膜以它的优异功能和价廉物美、方便灵活的应用，已成为我们亲密的“朋友”。但是它在废弃后就成了“白色污染”公害。究其原因，合成高分子材料坚韧耐用，也就不易自然分解，这本是它的优点，废弃乱丢才造成“污染”。本来，人们可以把废弃的塑料薄膜回收再利用呀，为什么“千夫所指”都指向无法“抗辩”的塑料薄膜？而不想想把它乱丢废弃的人类自己。塑料薄膜有功无罪，废弃乱丢，才是污染的真正根源呀！

还有个塑料薄膜“话题”，就是关于PVC、PE和DEHA的问题。

近年，关于PVC保鲜膜“有害健康”的报道不断见诸报刊，引起各方关注。国家质检总局发布警示：提醒消费者，选购PE食品保鲜膜或标注“不含DEHA”的PVC食品保鲜膜。同时指出，使用“不含有DEHA”的PVC食品保鲜膜，也不宜直接用于包装肉食、熟食及油脂食品，亦不宜直接用微波炉加热。

PVC保鲜膜，大家都知道是一种塑料薄膜，而对于DEHA和PE，就比较陌生了。其实PVC、PE和DEHA都是塑料中的高分子化合物名称。下面分别予以介绍：

PVC就是聚氯乙烯，有优良的耐水、耐油、耐腐蚀和电绝缘性，易加工成形和焊接，是塑料中产量最大和使用最多的一种通用热塑性塑料。但聚氯乙烯易老化，不耐低温，韧性较差。为提高韧性需加入增塑剂。PVC主要用于化工、建筑、纺织工业，用于制造电器绝缘材料、包装材料、农用薄膜和玩具、家具等非饮食用生活用品。由于聚氯乙烯单体和部分塑料添加剂中的成分在高温时可能分解逸出，对人体健康有害，所以聚氯乙烯不用于食品的包装和餐饮器具的制作。

PE就是聚乙烯，也是一种产量大、应用广的常用热塑性塑料。聚乙烯无毒、无味，耐蚀、抗寒，透气又不透水，柔软，电绝缘性好，易成形加工和焊接，但耐热性差，易老化、变色、变形。聚乙烯广泛应用于化工容器内衬、电绝缘器材、管道、阀门和饮食器具及食品包装。由于聚乙烯无毒无味，所以被称为“安全塑料”。

DEHA是塑料添加剂中的增塑剂，用以改善塑料的可塑性、柔韧性和加工成形时的流动性、脱膜性以及表面的光洁性。但最近科技人员发现，DEHA有致癌作用，发出了警告。因此各国开始关注并禁止DEHA用作塑料增塑剂，同时对各种食品包装薄膜进行安全性检测。

塑料添加剂，用来稳定质量、改善性能和调整加工工艺性，是塑料制品的必要组成。常用的添加剂，包括增塑剂、稳定剂、固化剂、润滑剂、着色剂、阻燃剂、填料等。按要求，增塑剂应是无毒、无害、无色、无臭和不易燃烧、挥发的。有毒、有害物质是不允许用作添加剂的。但在加工、使用中温度、压力等条件超过限度，有可能产生有害健康的分解、变异。也有以前没有发现的影响作用，现在发现了。DEHA的致癌作用，就是最近才发现的，已经及时控制禁用。我们不必因此杯弓蛇影、惊慌失措，而对其他保鲜膜和塑料制品都心存疑虑不敢使用。

1.9 一千个人坐一把椅子

一千个人坐在一把椅子上，怎么可能？除非这只椅子有足球场那么大。普通的椅子要一千人共坐，纯属“天方夜谭”。这种现实生活中绝对的“不可能”，在原子、分子世界中，恰会成

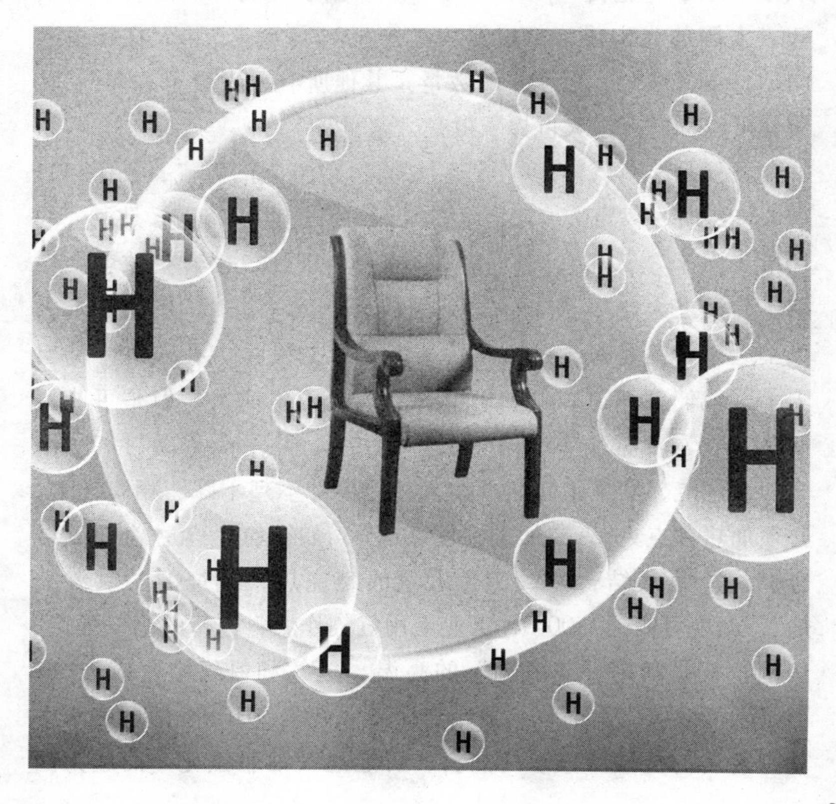

为“可能”。怎么回事？且听我慢慢说来。

话从元素周期表的“1号”元素氢说起，这个最轻的元素，按重量计算，在地球上只占1%，而按原子百分数来计算，地球上每100个原子中，有17个氢原子。17%的比例可不小，地球到处都有氢的踪迹。地球是太阳系中的“水球”，51%的面积是海洋水域，而水中就有氢，按重量计为11%；泥土中，含氢量约为1.5%；而动植物、石油、天然气中，都含有氢。两个氢原子结合而成的氢分子是最轻的气体分子，在地球大气中只占总体积的一千万分之五，少得可怜。但在“太阳大气”中，氢原子比氧原子还多，竟占“太阳大气”中总原子数的81.75%。众所周知，太阳的光和热，就来自太阳上的“氢聚变”。而在宇宙空间，科学家认为，氢原子的数量是其他所有元素原子总和的100倍，可以称“宇宙大世界”就是“氢世界”。

氢气是所有气体中“最轻”的，1立方米的氢气，在0℃和1个大气压时，仅重0.09克，而同体积的空气重约15克，是氢气的16倍。由于氢又轻又小，“活动能力”很强，稍有空隙就会钻空子“溜之大吉”。所以充好的氢气球，放一些时间就会瘪下去飞不起来，就是氢气从塑料、橡胶薄膜的细微“孔穴”中钻出去了。我们都知道，氢和氧结合会燃烧而生成水。但是可能不清楚，在常温常压下，氢十分“矜持”，并不会主动与氧“结合”而燃烧，甚至十几年“在一起”也“不理不睬”相安无事，必须加热“点火”，或加进“促媒剂” (如铂粉)，氢才会与氧结合燃烧。氢氧结合时，产生大量的燃烧热，燃烧的“氢氧火焰”，温度可高达2500℃，工业上用氢气作燃料进行的钢铁焊接、切割，就是利用“氢氧焰”的高温。氢气和氮气结合成为氨，可以生产成氮肥。而氢与氯结合生成氯化氢 (HCl)，溶解在水中就是著名的盐酸。液态的油料，可通过“油脂氢化”而成为固态，这是“人造奶油”的重要方法。氢气虽然到18世纪才被“发现”，但很快就成为气象和化工、农业、食品等工业的重要原料。

起初，人们制取氢的方法是让蒸汽通过灼热高温的“燃煤层”获得氢气；也用水的“电解”来获得纯氢。但这两种方法成本都很高，直到20世纪八九十年代，制氢技术才有了重大突破。除了“传统”的水电解技术外，“离子交换膜”技术、太阳能“光电制氢”技术、“微生物制氢”和“植物制氢”技术以及从“化石燃料”石油、天然气等中直接提取氢的“新技术”，都是极有前景的低成本大规模制氢技术。

当我们面对“能源危机”、“环境危机”寻找新能源时，被称为“清洁能源”的氢特别受到关注。因为氢的燃烧热值高，燃烧后生成水而没有二氧化碳、二氧化硫和烟尘等污染物，同时氢在自然界的储藏量也很大，仅地球海洋中的氢，计算重量高达1.4×10^{17}吨，其燃烧热量是化石燃料的9000倍。但是，氢在自然界虽然储量大，可是多以稳定的化合物状态存在，制取困难、成本高；氢的可燃性强，氧化反应激烈就又有爆炸危险性；氢的原子量小、气体体积大，储运困难。因此氢的应用受到一定限制。

而近十年出现的“贮氢合金”，可以把氢以“金属氢化物”的形式贮存于合金晶格间隙之中。这种被称为“滤族金属”的贮氢合金，可贮存本身体积1000~1300倍的氢，相当于一千个“人”坐进一个椅子的“座位”，而加热、减压后，金属氢化物就会分解释放出氢，将逸出的氢收集就可以供使用。“存取方便”的贮氢合金，解决了氢的储运和安全问题，解开了广泛应用氢的“瓶颈”，氢气从此可以“大展身手”了。

当氢的制取成本降低，储运、安全问题解决后，把氢作为燃烧的能源燃料并不是我们利用氢能的唯一选择。因为通过氢燃烧把化学能转变为热能，热能再转变为电能，这样的热——机械——电的能量转换，环节多、能耗大，效率低。而效率更高的氢能利用技术则是“氢聚变”和“氢燃料电池”。

关于“氢聚变”和“氢燃料电池”，我们另外设专题讨论。但在这里先告诉大家，自然界的氢，还有4位“兄弟”，氘、氚、氢—4和氢—5。普通的氢，原子量为1，原子核中只有1个带正电的质子；氘的原子核中除了1个质子还有1个中子，原子量为2，俗称“重氢”。氘和氧结合生成有名的“重水”，是“核聚变”氢弹的主要原料，有“未来燃料”之美誉；氚、氢—4、氢—5，由于原子核中的中子递增，它们的原子量分别为3、4、5。氢的这些不普通的“兄弟”，在自然界主要存在于海水中，虽然量不大、比例很小，但由于“重水”的“能源意义”和“军事战略意义”被人们认识，而海量的海水几乎“取之不尽、用之不竭”，所以从20世纪30年代开始，从海水中“海选”提取“重水”，已成为世界发达国家“绝不放弃”的大事。

1.10 C_{60}布基球

碳，在地球上只占地壳总重量的0.4%，在目前已经“发现”的化学元素中，似乎微不足道并不起眼。但是，告诉你几个数字后，你可能会大吃一惊。全球已发现的各类化合物，总共有900多万种，其中只有不到10万种是不含碳的，900万种都含碳，占90%以上！碳不仅是物质世界的“主角”，还是生物的“生命

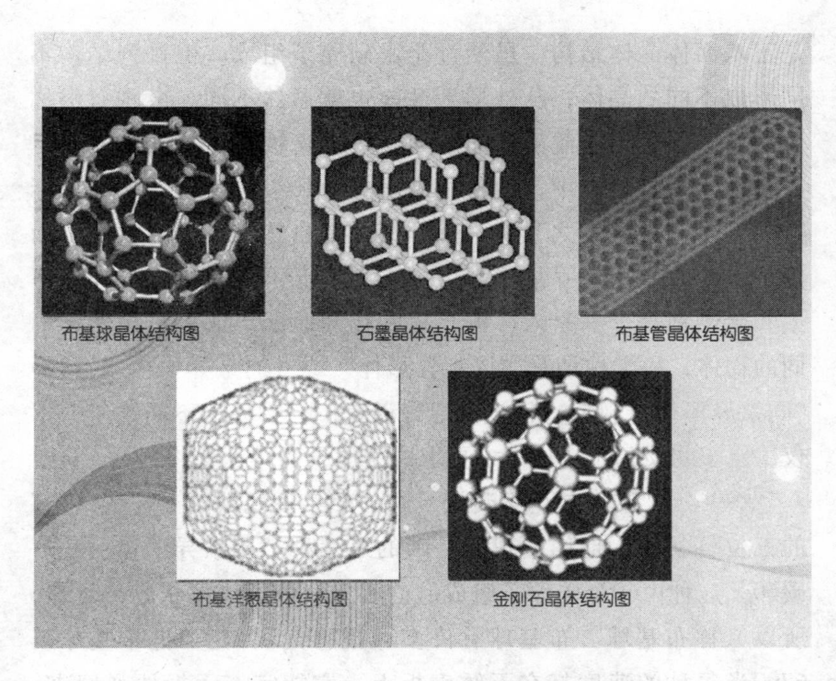

布基球、石墨、布基管、布基洋葱、金刚石晶体结构图

之材”，生物体中两大“生物大分子”——蛋白质、核酸 (DNA、RNA)，都离不开碳。碳，确实是众多元素中耀眼炫目的“大牌明星”。

碳元素在自然界，通常可见到的有无定形碳 (煤、木炭、焦炭等)，石墨和金刚石三种形态。其实无定形碳实质上是细微的石墨，所以常见的碳就是石墨和金刚石。石墨和金刚石虽然都由碳原子组成，但有着显著不同的形态和性能，石墨“其貌不扬”黑乎乎、软而滑润；金刚石则“光彩照人”晶莹剔透、坚硬无比。它们本是“同根生”，形态恰有“天壤之别”，其原因是碳的原子排列晶体结构不同，石墨是六方晶型结构，金刚石是正八面体晶体结构。虽然都是由碳原子组成，但排列结构不同形成不同的晶体，从外形到性能也就迥然不同。金刚石俗称金刚钻，不仅形态靓丽，而且因硬度极高被誉为“硬度之王”。在物理学和材料学中，通常把硬度分为10级，金刚石作为“标准硬度”雄居硬度之顶级——10级，是自然界最硬的物质。而黑乎乎的石墨，用手指甲都可刻下划痕。不说明白，谁相信石墨和金刚钻是“一家人”呢？这种相同原子组成而结构形态不同的物体，科学称谓是“同素异形体”或“同素异构体”。这种“同素异形体”现象，很直观地告诉我们，物质的不同性能，不仅决定于物质的组成原子，更取决于原子的排列结构。

1996年，诺贝尔化学奖授予在1985年发现碳的“球状结构”的三位科学家。他们发现的是碳的第三种“同素异形体”——碳60，这种由60个碳原子组成的空心笼状分子，形状酷似足球，所以又称布基球。布基球有许多“怪脾气”，比如把布基球以6700米每秒的速度打在不锈钢板上，它能完好无损地弹回来，真是“弹性十足”；如果在布基球的“圆笼状”原子结构中放进一个钾原子 (K)，在绝对温度19.3K的低温下，能变成没有电阻的超导体。这布基球“小弟”比“哥哥”石墨、金刚石更厉害，它不仅强度高，比钢还高100倍，它的耐压强度比金刚石还高；而且硬度也高，可在“硬度之王”——金刚石上留下刻痕；同时，C_{60}布基球的单位重量又很小，仅为钢的1/6。布基球不但是“碳家族”中的少年英雄，甚至可称为“雄视”材料世界的“顶尖高手”。说到布基球，还有必要介绍它的兄弟：布基管和布基洋葱。布基管大小处于毫微米级水平上，所以又称为毫微管。纳米布基管与布基球有着不同的形状，但有类似的原子晶体结构和相似的性能。布基洋葱，则是碳原子的一种“同心球面”结构，一层套一层类似“洋葱”，有的可多达70层，分子直径可达47nm。布基球、布基管、布基洋葱内部碳原子的特殊“球状结构”，赋予它们很多特殊的性能。不但可用作超强、超硬新材料，可以制造有机超导材料、超维导线（仅为目前芯片导线的1/100），还可用于制造“纳米机器人”进入人体血管“清障除害”，以及用于激光、电子、核能、石油、化工等领域。虽然布基球、布基管和布基洋葱在自然界没有“天然存在”，属于人造新物质，但其优异的性能和广阔的应用领域，已成为全球关注的“热点”。

最近，又有布基球的“最新消息”：不久前，美国科学家在一块陨石中发现了布基球。这一发现证明了早先在实验室中发现的“人工合成”碳原子球状结构布基球同样在自然界中存在。科学家认为，对陨石布基球的研究，可能会对解开“宇宙形成之谜”提供一些答案。这块名为“阿连德”的陨石，于1969年落于墨西哥境内。美国夏威夷大学和美国宇航局的科学家对其作了多项研究。他们先用酸对陨石碎片样品进行了脱硫处理，然后将这些残渣放入有机溶剂，最终分离出了“球状碳元素”。他们在英国《自然》杂志上详细介绍了有关的研究过程。较早之前，科学家在陨石坑周围的沉积物中就曾发现过“球状碳”，但这次科学家们在“阿连德”陨石中发现的球状碳不仅包含大量碳60和碳70，而且还有从碳100到碳400等一系列原子数更高的碳分子结构。据悉，在自然界发现原子数如此之高的球状碳分子尚属首次。科学家们指出，“阿连德”陨石中存在“球状碳”对研究该陨石形成时期太阳系中原始星云和尘埃物质的状况将有所帮助。另外，新发现也意味着在研究地球早期形成历史时，可能应该考虑该种特殊结构碳分子所起的作用。因为这些空心笼状的碳分子，具有较强的吸附气体能力，携带“球状碳”的陨石落到地球后，不仅可为地球带来碳元素，而且也有可能对地球大气构成产生相当大的影响。这样，对碳作为“生命之材”的认识，又从新的角度更进了一步。

金属大家族

在人类已经发现和“人造”的“现有”115种元素中，有93种是金属。要认识“金家”成员很方便，它的“名号”都带“金”字旁。如金、银、铜、锡、铱、铂、钌、铑、钯……唯一的“异类”是俗称水银的汞。

在材料世界中，金属是“大家”，而且长期“称王称霸”。自石器时代以后，青铜时代、铁器时代几千年来，金属一直是材料世界的“老大”。金属当“老大”，自有它的优势、特点。

与非金属相比，金属大多有特殊的“金属光泽”，大部分是银灰色，而非金属则是“五颜六色”但没有“金属光泽”。

常温下，金属除了汞以外，都是固态，而且一般都有较高的熔点，而非金属常温下很多是液态或气态。

金属大多有良好的塑性，可展延成薄片或拉拔成细丝，而固态的非金属一般都有脆性而难以展延变形成型。

金属大多有良好的导电、导热性，并具有正的温度电阻系数（温度升高，电阻增大)；而非金属却大多是电和热的不良导体。

相形之下，金属“称王称霸”确实是有道理的。但是，现实并非如此简单，虽然“金家人氏”大多有这些特点、优势，但也就有一些金属，具有“非金属性”；而一些非金属，又具有

“变形金刚”与飞机、坦克、内燃机车、汽车、重型货车、汽车……

“金属性”。金属与非金属并没有明确的“分水岭”，存在着不少“过渡成员”。如金属锑 (Sb)，导电导热性差，而且很脆；石墨是非金属，恰具有良好的导电、导热性，而且有“金属光泽”。

通常，人们把金属分成黑色金属和有色金属两大类，黑色金属主要指铁、锰、铬及其合金，如钢、生铁、铁合金、铸铁等，其他的金属统称为有色金属。但是，“黑色金属”和“有色金属”这两个名称，常常使人误会，以为黑色金属一定是黑的，其实不然。三种黑色金属铁、锰与铬，它们都不是黑色的！纯铁是银白色的，锰是银白色的，铬是灰白色的。可能因为铁的表面常常生锈，盖着一层黑色的“四氧化三铁”与棕褐色的“三氧化二铁”的混合物，看上去就是黑乎乎的，所以人们就称之为“黑色金属”。通常说的“黑色冶金工业”，主要是指钢铁工业。因为最常见的合金钢是锰钢与铬钢，这样，人们把锰与铬也算成是“黑色金属”了。此外，还有“黑色金属矿产”之说，指能提供工业应用的铁、锰、铬、钛、钒等黑色金属元素的矿物资源。

除了铁、锰、铬以外，其他的金属都算是有色金属。在有色金属中，还有其他的分类方法。比如按照密度来分，铝、镁、锂、钠、钾等的密度较小，称为“轻金属”；而铜、锌、镍、汞、锡、铅等的密度较大，称为“重金属”。而像金、银、铂、锇、铱等比较贵重的，称为“贵金属”；镭、铀、钍、钋等具有放射性的，叫做“放射性金属”；还有像铌、钽、锆、镥、金、镭、铪、铀等因为地壳中含量较少，或者比较分散，人们又称之为“稀有金属”。

金属大家族所以“称王称霸”几千年，并不单靠“人丁兴旺”，而是有着各怀“绝技”的诸多“好汉”，我们慢慢来一一认识认识。

2.1 金属家族为啥姓金?

金 (Au), 俗称黄金，作为元素在地壳中仅占十亿分之五，

沙金、狗头金、金砖、金条组合图

比起铝、铜等“金属”元素，真是区区小数不足挂齿，凭什么九十多种“金属”元素都要姓“金”算“金家人”?

原来，金在地球上虽然不多，而且很分散，但这不多的金，恰大部分以“金光闪烁”的纯金形态存在于自然界。而铝、铜、铁等虽然比金多得多，但都以各种化合物的形态“隐姓埋名”。所以，早在八九千年以前，人类首先发现的金属就是金。

金不仅“金光闪烁”，而且还有很多优异特性。

如熔点高达1063℃、抗氧化，俗称“真金不怕火炼”。

耐腐蚀性好，在空气和水中“永不变色”，连盐酸、硫酸也不怕，只有在“王水”中才能被腐蚀溶解。

金还有优良的展延塑性，1克纯金可拉拔成4000米长的金丝；如果碾压成金箔，薄得可以“透明”。

再加上金确实稀少，物以稀为贵。

以后再陆续发现的银、铜、铁、铅、锡、锌等“金属”，人们很自然地将它们从外形到性能，都去与“先发现”的金来比较，觉得很多性能相近，就归到同一类族来对待。而性能稳定又贵重的金被尊作为“金属”家族的姓氏，确实是名正言顺。

说到黄金，都容易想到的是金币和贵重的黄金饰品、器物，想到的是“黄金储备”、“金本位”和“保值”。其实工业和高科技领域也有金的贡献。如金笔的笔尖，电脑芯片的导线，精密仪表，医疗器材以及航空、航天技术中，都应用了黄金。

黄金虽然在地球上不多，但因为它大多以纯金状态存在，发现、开采比较“直接”，所以“淘金”的历史源远流长，可追溯到八九千年之前。最初“沙里淘金”时，主要利用金的比重大这个特点，用水流冲洗含金的沙子，较轻的沙粒被水冲走，而较重的金子就被留下来了。往往几吨几十吨的“金沙”才淘出几克、几十克“沙粒”、“米粒”、“绿豆”般的金粒。所谓“金豆”，也就“豌豆”、“蚕豆”大小。而传说中的“狗头金”，虽然“百年难遇”，但因其稀罕又块大价昂，偶有“发现”就会轰动一时而广为流传。根据统计资料显示，迄今为止，世界上已发现的大于10千克的狗头金，约有8000~10000块。数量最多首推澳大利亚，占“狗头金”总量的80%。其中最大的一块重达235.87千克的“狗头金”也产于澳大利亚。

“狗头金”，是颗粒大而形态不规则的天然块金。它一般质地不纯，由自然金、石英和其他矿物集合体组成。通常都含有少量其他金属，其中以白银为主，其他还有铜、铁、铂等。大的自然块金非常稀少，只有极其偶然的机会才会有发现。有人以其形似“狗头”，称之为“狗头金”；亦有人以其状如“马蹄”，称之为“马蹄金”。但通常称这种天然块金为“狗头金”的为多数。

由于狗头金的形状和出现都非同寻常，引起了科学家和民众很大的兴趣，甚至有人认为是有神仙、奇人在铸造这种块金。四川成都生物研究所的研究人员专门进行了“狗头金微生物成矿机理”的实验研究。他们从金矿的水和土样中，分离出细菌、霉菌后发现，这些微生物在生长的初期和中期，可以把“可溶态金”吸附和聚集在体内，形成含金的胶状体；到达生长后期，又能把体内的“胶状金络离子”还原沉淀成自然金。由于微生物是“群集而生”，在有利这种微生物生长的地方，如此这般繁衍生死，周而复始不断进行，日久天长，从一个小小的金“晶核”，逐渐凝聚集成一大块自然金块。这就是天然金块狗头金形成的原因。原来不是什么神仙、奇人，而是大自然中的微生物会“淘金”，用的是“生化集金”法。

狗头金在世界上分布稀少，发现狗头金因常常有偶然性，而成为传奇。

19世纪中叶，一位木匠在美国西海岸路旁拣到一块狗头金，重达32千克。此事传播开来，人群纷纷涌向那里，漫山遍野到处都在挖金子，形成了一个持续50年的淘金热。之后，一座新兴的“旧金山”市，就在那里出现了。而澳大利亚的一辆大篷车，路过一个衰败的金矿区时，被石头颠翻，驾车的下车检查，竟发现一块巨大的狗头金，重达77.6千克，于是这个金矿区又吸引了各国淘金者蜂拥而至，矿区亦“重起江湖、再祭风云”……

在采金史中，我国也是狗头金发现屡见不鲜的国家。湖南省资水的中、下游流域，是我国历代盛产狗头金的地区。此外，四川省白玉县，陕西省南郑县、安康县，黑龙江呼玛县，吉林省桦甸县，青海省大通县、曲麻莱县，山东省招远市，河北省遵化县等，都相继发现狗头金，总计约有千余块。我国现代，发现狗头金的事例也不少。1909年，四川省盐源县一位采金工人，在井下作业时，不幸被顶上掉下来的石块砸伤了脚，他搬开石头时感到很重，拿到坑口一看，竟是一块重达31千克的狗头金金块。1982年，黑龙江省呼玛县兴隆乡一位淘金工，休息时无意中用镐刨了一下地，却刨出了一块重3.325千克的狗头金金块。1983年，陕西省南郑县武当桥村一位农民，“拣”到一块重810克的狗头金。据报载，四川省白玉县孔隆沟，有一个盛产狗头金的山沟，1987年，又找到重4.8008千克和6.13615千克的大狗头金金块，接连刷新新中国成立以来我国狗头金的最大重量记录。

我国最近一次狗头金的发现，是在1997年6月7日晚6时30分，由青海省门源县寺沟金矿第13采金队工人在沙金溜槽上发现的。当这个奇形怪状“红彤彤的东西”进入人们的视线时，谁都不相信自己的眼睛。这个重达6.577千克的特大“石包金”金块，形状酷似一对“母子猴”，“母猴”席地而坐，怀抱一只可爱的“小猴”。更令人惊奇的是，在金块另一侧的下部，还有一只“乌龟”，龟头高昂引颈前伸，似乎正在观察着周围环境，还“活灵活现”露出一只前足和一只后足，动感极强。这块特大狗头金，整体构图动静自然呼应，形态惟妙惟肖，真是自然天成、鬼斧神工，令人拍案叫绝。

沙里淘金的水洗法和狗头金的采挖，都是历史悠久的传统淘金技法。19世纪中叶，出现了用氰化钾溶液溶解沙金的氰化淘金新技法；不久又出现了用水银溶解沙金的金汞齐新技法，

“沙里淘金”登上了新的平台，世界黄金生产的质量、数量和效率，都有了很大的提高。

目前，世界黄金年产量为2500~2600吨，产量最多的国家为南非，1975年曾创下年产700多吨的最高纪录，近年是每年在300吨上下，澳大利亚、美国、中国近年的年产量也接近300吨。2007年、2008年，中国黄金产量分别为270吨、282吨，名列世界第二。

黄金产品中首饰、金酒器、金笔笔尖等，常用“K”来表示这种产品所用的“金的合金”中金的成色。如金笔笔尖上，标注有“14K”字样。这“14K”是指这种“金的合金”中，金的比例是14/24。“24K”就表示产品用的是“足赤全金”，100%纯金。在物理学、化学和材料科学上，对金的“纯度”，则以百分比来衡量等级，如“2个9”即99%，“4个9”为99.99%。

2.2 拿破仑的“皇冠”

从材料的角度来看，人类经历了石器时代、青铜时代、铁器时代几千年的漫长历史，可是地球上最多的金属元素——铝，恰在一百多年前才与我们“见面”。

什么原因？因为这“地球上最多的金属元素”，并不以单质形态存在于自然界，而是以稳定的化合物三氧化二铝（Al_2O_3）的形态遍布于地壳的泥土、沙石之中。长期以来，我们对于泥土、沙石中的三氧化二铝熟视无睹，实是“不识庐山真面目”。直至1854年，法国化学家亨利·德维尔发明了用钠从三氧化二铝中制取铝的技术，金属铝才被我们真正认识。当时，铝可是比黄金更昂贵的“贵金属”。英国皇家化学会为了表彰门捷列夫发现“元素周期律”的突出贡献，不惜“重金”购买铝杯、铝花瓶作为奖品隆重送给他。而法国元首拿破仑三世，为显示自己的尊贵，曾“专门制造”了一顶被称为“皇冠”的铝头盔。而他的一套“豪华”铝餐具，只在招待贵宾的盛大宴会才使用。要知道，当时每千克铝的价格高达30000金法郎，而每千克黄金才10000金法郎，可见此时黄金的“金贵”，已比不上铝“贵”。

1886年，美国科学家豪尔发明“电解铝”技术，金属铝才开始大规模工业生产，终于成为人类“新的老朋友”而被广泛应用。现在，谁家中没有铝锅、铝盆？谁也不会因此而觉得“豪华”、“尊贵”和“气派”了。

铝这位“新的老朋友”，在地球上的总重量占地壳重量的8.23%，比“早出世”的铁几乎多一倍，是“地球上最多的金属元素”。只是长期藏在泥土、沙石之中，因而“默默无闻”。据测算，一般泥土中含铝为15%~20%。虽说一般泥土中含铝比例不低，但用来炼取纯铝，还是杂质太多。现在用来炼铝的铝资源，都选用含铝率更高的铝矾土、霞石、铝土矿等“富铝”资源。但是，随着资源危机日益严重，各国已对相对“贫铝”的泥土、沙石中的铝资源，开始关注。可能不久的将来，长期被轻视的泥土、沙石，将成为重要的铝资源而被“关怀备至”。

目前，铝的炼取主要用“电解”法，先从铝矿中分离出纯净的三氧化二铝，氧化铝再与冰晶石一起在石墨电解槽中电解还原出纯的金属铝。由于氧化铝中铝和氧结合牢固，熔化分解的温度高达2050℃，加入冰晶石后熔点可以降至1000℃以下。即使降低了熔点，电解的耗电量也非常大，20世纪初炼铝厂电解生产1吨铝，耗电竟达40万度（千瓦时）。随着炼铝技术工艺的发展，目前炼取一吨铝约耗电一万多度，仍属“吃电老虎”。所以，现在的炼铝厂，都建在发电厂附近。

纯铝，质轻、性软，导电导热性好。虽然“本色”银白漂亮，但极易被氧化变得灰蒙蒙而毫无光彩。所以只有用作日常家用的锅、盆、碗、杯，或电器、装饰用的板、片、管、线材料。纯铝因太软而“不堪重用”。但是，当纯铝中加入少量其他元素，成为合金铝，它就“硬”起来了，铝因此就开始“大展宏图”。

现在，广泛应用的铝材料，基本上都是铝合金。如著名的“硬铝”，就是加入了铜、镁、硅、锰等的高强度铝合金，因其在航空工业的突出贡献，被誉为“航空铝”。飞机的蒙皮、螺旋桨叶片，用的就是代号LY的“硬铝”铝—铜—镁系铝合金；飞机桁架、大梁、起落架，用的是代号LC的“超硬铝”铝—铜—镁—锌系铝合金；而航空发动机活塞、直升机桨叶等，用的是代号LD的“锻铝”铝—铜—硅—镁系铝合金。而用作容器、管道和铆钉等承受中等载荷的零件与制品，是代号LF的“防锈铝”，主要为铝—锰和铝—镁系铝合金。

如今，铝及其合金已广泛应用于航空、汽车、造船、建筑、交通、机械、医药、食品和家庭生活各个领域。天上的飞机，地上的火车、汽车、摩托、电动自行车，河海江湖上的大舰艇、小船舶，用于国防的大炮、装甲车、雷达、枪械，城市的建筑、公共交通，农乡的“大棚”、排灌、拖拉机……其“到处可见”的程度，正呼应了原来“默默无闻”藏在泥土、沙石之中的“无处不在”。

最后，再讲个关于铝的小常识。工业或生活家用的铝制品，拆封启用后，原本漂亮的银白色，在空气中很快会“黯然失色”变得灰蒙蒙没有光泽。原因就是表面被氧化，生成的三氧化二铝没什么光彩。有人“讲究”清洁卫生，又喜欢“光鲜”，见到器皿、锅盆表面暗淡无光，就勤快地擦洗，用上了洗洁精、肥皂和去油腻的碱，甚至还用了草木灰和沙子。一番擦洗，果然“旧貌换新颜”，器皿又恢复了漂亮的银白色。但是，不久又是“灰头土面”了。于是，又擦洗，周而复始……

要知道，这样的“勤快”，实际上是在缩短铝制品的使用寿命！此话怎讲？原来，铝制品“黯然失色”是表面被氧化，生成了一层“氧化铝外衣”。这层只有0.0003毫米左右的“紧身”薄“外衣”，虽然其貌不扬，但不怕水、不怕火，组织紧密又有很好的韧性和弹性，对铝制品表面起到了很好的“贴身保护”作用，可以有效地防止铝继续被氧化。只要不被破坏，三五年都有保护作用。可是，被“勤快”人擦洗一番，这薄薄的“外衣”经不住沙磨、碱蚀，被破损殆尽。表面“光鲜”了，但没有“保护衣”又很快被氧化……又擦洗、又氧化……器皿实际上不是用坏的，是被擦坏的。所以，对于铝制品不要这样“勤快”地擦洗，特别是不要用沙子、钢丝刷、碱、肥皂等去损坏氧化铝膜。现在，有的铝制品为了强化氧化铝膜的保护作用，专门采取表面氧化工艺，使铝制品表面形成加厚氧化膜，表面虽然是亚光的灰白色，但更加经久耐用。我们明白了这个道理，当然不会再去费力不讨好地“擦洗”铝制品的氧化膜了。

2.3 钢铁算老几?

有歌曲唱道：“团结就是力量……比铁还硬，比钢还强。”拿钢、铁来作比喻，对钢“强”、铁“硬”的性能描述十分到位。在材料世界中，钢以强度好著称，而铁以硬度高闻名。再进一步探讨，这钢有碳钢、合金钢之分，碳钢是一定含碳量的铁—碳合金，含碳量增大，其强度、硬度也增高；而合金钢，则因含有不同合金成分而表现出不同的性能，如高强钛—钒钢、高硬耐磨锰钢、耐高温铬—钨钢、耐腐蚀（不锈）铬—镍钢、硅—锰弹簧钢等等。这“铁”，是指“生铁”，也称“铸铁”，是高碳的铁—碳合金，性能硬脆。而通过进一步冶炼，把生铁的

鸟巢、上海万人体育馆、埃菲尔铁塔、轮船、虎王坦克、不锈钢雕塑

含碳量降下来，成为低碳的熟铁或纯铁，它们就会变得软而塑性好，可就称不上“硬汉”了。简而言之，钢和铁是不同成分的铁碳合金。长期以来，钢铁因它的广泛用途和性能优势，一直是金属家族的“老大”。

众所周知，人类历史经历了漫长的石器时代、青铜时代之后，进入了“铁器时代”。铁器时代，以能够冶铁和制造铁器为标志。世界上最早锻造出的铁器，是在公元前1400年左右小亚细亚的赫梯王国（今土耳其境内）。我国发现最早的铁制品，为河北藁城和北京平谷刘家河等地“商代遗址”中出土的铁刃铜钺，距今约3000余年。约在公元前1000年，古希腊和古罗马就开始普遍使用铁制的工具和兵器。约在公元前500年，欧洲大陆普遍使用铁器。中国最早的关于使用铁制工具的文字记载，是《左传》中的晋国铸铁鼎。在春秋时期，中国已经在农业、手工业生产上广泛使用铁器。虽然我国冶铁业出现的时间晚于西亚和欧洲，但发展迅速、应用广泛，在后来相当长的历史时期，一直处于世界冶金技术的前列。

我们知道，铁是自然界中分布很广的一种金属，在地壳中的含量达到5%，是金属家族中仅次于铝的“老二”。但是，人类与铁实在是“相识恨晚”，并没能在更早的时期就使用铁。因为，在自然界中几乎不存在天然的纯铁，铁都以各种化合物的形态存在于自然界，而比较集中的“存在”方式就是多达300多种的各种铁矿，其中最常见的是磁铁矿、赤铁矿、褐铁矿和菱铁矿。但是，铁矿石熔点较高，很不容易还原出来。所以，尽管铁似乎到处都有，人类很长一个时期对它都是“相见不相识”。直到人类掌握了炼铜技术以后，才有机会在炼铜过程中，意外发现了铁。

也许令人难以置信，人类最早发现的铁，是从天上掉下来的陨铁！陨铁这“天外来客”，除了含有一点镍以外，其余几乎是纯铁。在各个文明古国中发现的最早的铁器，几乎都是用陨铁制成的。古埃及人就曾把铁称作“天石”或“天降之火”。1972年，我国河北发掘出一把“镀铁”的青铜战斧（铁刃铜钺），经考古研究认为，是公元前14世纪的制品。而对组成物检测鉴定后发现，这些表层“镀铁”的铁应是陨铁。

当然，“天外来客”是稀客，很少的陨铁，并没有给人类生产、生活带来实质性的推进发展，但是，它给人们打开了一扇认识铁的窗户，当人们在炼铜时意外发现那黑乎乎的东西，就会想到已认识的陨铁而多加关注，进而认识到性能优于铜的铁可以冶炼获取，铁器时代就这样逐渐到来。

起初，人们借用炼铜的方法来炼铁，结果并不理想，费工费料，质量还极不稳定。经过了几千年的实践探索，终于掌握了炼铁所需的各项技术，发明了真正可以炼出铁的“固体还原法”。这种方法是先将铁矿石和木炭层间相隔地放在炼炉中，然后点火焙烧，利用木炭在1000℃高温下的“不完全燃烧”，产生一氧化碳，把矿石中的氧化铁还原成铁。由于这种方法产生的铁，夹杂的杂质很多，有很多气孔小洞，形状像海绵一样，所以称之为“海绵铁”。海绵铁没有明显的金属特性，甚至强度、硬度还不如铜，必须再进一步加工才能成为有实用价值的铁。

大约在春秋战国时期，中国开始了炼铁，不仅会用“固体还原法”，还发明了“生铁铸铁法”。这一新法比“固体还原法”更进一步，炉温高达1200℃，炼出了“液态生铁”，使中国比欧洲国家早1000多年跨入了“生铁时代”。生铁，又称铸铁，原来我们使用的炒菜铁锅，就是铸造的生铁锅。生铁，这种高碳“铁—碳合金”，虽然它质地坚硬，却很容易脆断。为了克服生铁的这一弱点，人们又进一步加热熔炼，把生铁中的碳氧化成一氧化碳、二氧化碳气体释放出去，从而降低了含碳量，炼出了纯度较高、强度较大而质地软的熟铁，日常生活中的铁勺就是用熟铁制成的。生铁、熟铁虽然各有用途，但生铁“过硬”而脆，熟铁又“过软”，在生产、生活中应对高强拉、压和冲击载荷时，都难以承受而显得“不堪重用”。

“勇挑重担”的钢，也就开始“应运而生”。钢，是质地更为纯净的铁碳合金。由于杂质少，含碳量又调节得合适，还有合金成分调节性能，所以性能大大优于生铁、熟铁。套用一句俗话：钢出于铁，而胜于铁。钢以它的优异性能逐渐成为“铁器时代”的主角。有人称，铁器时代钢的出现，铁才真正体现出更为进步的“时代意义”，应该把“铁器时代”称为“钢铁时代”才合适。这是一说，大家还是习惯称“铁器时代”，或把“铁器时代”前期称为“铸铁时代”，而后期称为“钢铁时代”。

中国早在汉代，就在世界上最先用“百炼钢法”炼出了钢。这种方法是在熟铁中再加进适量的碳，经过反复加热冶炼，尽量减少杂质，从而把低碳而杂质较多的熟铁，炼成具有更高强度和硬度的钢来。但是，这种方法的冶炼过程很复杂，一直未能很好发展起来。一直到19世纪前半期，人类始终生活在旧的“铸铁时代”。

将人类带进崭新的钢铁时代的是出生在英国后入籍法国的工程师贝斯麦。他发明“炼钢法”，极具传奇色彩。

19世纪50年代初，正值“克里米亚战争”期间，一心报国的贝斯麦研制、发明了一种枪膛中有来复螺旋线的新式步枪。这种新式来复枪，射击时子弹沿枪膛射出时旋转着飞出，更加稳定地沿着弹道前进，射击距离增大了，命中率也有明显的提高。获得成功的贝斯麦又想：“能不能运用同样的道理来制造新式大炮呢？”贝斯麦这样想着，也就动手开始做了起来。不久，新式大炮问世了。

起初的试射，十分精准，炮兵们对新式大炮非常满意。然而，大炮投入实战后，问题便接二连三地传来，最严重的是新式大炮接连发生炸膛事故，炮兵开炮得冒着死亡的危险，搞得部队上下提心吊胆，不敢再用新式大炮。贝斯麦不得不到前线调查，在贝斯麦和专家的共同努力下，问题原因终于找到了：原来，当时的大炮都是用铸铁制造的，但来福线对炮膛要求很高，如果炮弹与炮膛之间间隙过大，火药爆炸，气体泄漏，炮弹旋转力量不足；如果炮弹与炮膛之间间隙过小，火药爆炸使炮膛内温度、压力骤然增大，炮膛内外温度不匀，而铸铁炮筒难以承受炮膛内高强压力和骤增的热应力，结果就造成炸膛。这是材料问题，是加工问题，应该可以解决。但是，大多数人不相信贝斯麦的科学解释，甚至有人怀疑他是“间谍”、“骗子”，当局一声令下，新式大炮被打入了冷宫。贝斯麦多年的心血，顷刻之间成了毫无用处的一堆废铁。

贝斯麦并没有因此灰心气馁，他认为，加工的技术问题比较好解决，只要能突破材料难关，新式大炮就能起死回生。他决心冶炼出适合新式大炮的新材料来。从此，贝斯麦一头钻进了图书馆，广泛收集材料；又到冶铁厂与工人们一同劳动；他还请冶炼工程技术人员为他讲课……他成了一个“炼铁迷”。经过反复探索，在一位化学技师的帮助下，贝斯麦找到了铸铁硬脆、强度低的原因：含碳量太高。要减少含碳量，他设想在熔化了的铁水中加氧，把这些碳燃烧掉！

在什么时候，用什么办法加氧，才能达到成本最低而又方便易行呢？贝斯麦看到，当一炉铁水熔化时，炉前工就开始排渣出铁了，能不能在出铁前向铁水吹入空气加氧呢？他就试着这样做了。他在铁水熔化后就开始吹气加氧，顿时通红的铁水沸腾了，形成钢花四溅，而铁水中的碳就被氧化成为一氧化碳、二氧化碳，随着沸腾的气泡和飞溅的火花逸出了。贝斯麦终于炼出了人们一致称赞的低碳好钢材。贝斯麦的这种方法，当时被称为“空气吹入法”。

1856年，贝斯麦在铁匠业主行会上，报告了他的炼钢法：“我认为，吹入空气除碳法是完全可行的，空气不仅能燃烧掉铁水中所含的碳，而且能够燃烧掉其他几乎所有不纯的物质。同时，燃烧释放出来的热量，又可以升高铁水的温度，这样，炼出的钢不仅质量高，而且成本也低。”贝斯麦对此信心百倍，并将论文送到钢铁业十分发达的英国发表。

贝斯麦通过深思熟虑，为他的空气吹入法专门设计了一个特殊的转炉：肚子大大的，口子斜斜的，模样像个梨子。“大肚子”和“转动”，都是为了使炉中的铁水里的碳能被充分氧化。开始，这种贝斯麦转炉是固定式的，4年以后，贝斯麦又发明了移动式转炉。

贝斯麦的发明，引起了众多钢铁公司的极大兴趣，他们为了“更多、更快”炼钢，也就是“更多、更快”赚钱，纷纷投资要求建造“容量更大”的“巨炉”，贝斯麦也就为他们设计建起了几座容量很大的固定式巨炉，并且很快也出了钢。然而他们很快发现，巨炉炼出的钢，都是不堪使用的劣质钢。一时，人们又对贝斯麦群起而攻之，骂他吹牛皮，骂他是骗子，有人联想起“大炮事故”，更加怀疑和怨恨贝斯麦了。

冷静下来的贝斯麦，经过仔细分析研究，终于发现了问题的症结所在：转炉体积小、又不停地转动，底部吹气加氧可以使铁水中的碳被充分氧化，而且熔剂也能充分与铁水中的杂质作用，形成“渣”而被排除，钢的质量就可以保证。而固定的巨炉，虽然增大了吹气加氧的压力和流量，但在铁水中的作用不充分，碳没有被充分氧化，杂质也不能充分排除，所以质量低劣。找出了原因，采取针对性的措施后，贝斯麦终于在大型固定式炉子中冶炼出了优质的钢材。

有了贝斯麦的转炉和炼钢法，优质高强的钢材开始源源不断地供应市场，为机械、交通、化工、建筑等工业领域提供了重要的基础材料，拉开了“钢铁时代”的序幕。金属家族的“钢铁元帅”形象，也由此开始树立。

随着经济、科技的发展进步和转炉碳钢的广泛应用，人们对钢材的要求越来越多，越来越高。一方面，推动了炼钢设备和技术的发展进步，陆续出现了“顶吹”转炉、平炉、电炉等炼钢新技法，使钢的质量、产量不断提高；另一方面，推动了合金钢的研发，使钢的品种、性能和用途大大扩展、大大提高。20世纪初，不锈钢的问世，标志着合金钢发展的开始，这是“钢铁时代”的一件“大事”。由于合金钢的“加盟”，使“钢铁元帅”更加威猛，“钢铁时代”开始进入兴盛时期。

不锈钢，是一种耐腐蚀、耐高温的铁碳合金，其主要成分是铁和铬，还含有为了改进性能而掺入的其他元素。英国冶金学家布里尔莱于1914年“发明”并生产的“马氏体不锈钢”，可以称为世界上最早出现的不锈钢。当初这位钢铁公司研究所的所长，主动为英国海军研制一种“坚硬的、有磁性的、抗腐蚀的钢”，以用于制造海军枪炮。不料军方不感兴趣，还公开宣布他发明的合金制造的刀不能用。不服气的布里尔莱决定亲自动手，制造了一批马氏体不锈钢刀，结果是既锋利又耐腐蚀，博得了一致的赞赏和欢迎，并于1915年获得了美国专利。虽然，一直不支持他研究不锈钢的钢铁公司研究所老板，此时开始感到后悔并作挽留，但布里尔莱毅然寻找新的合作伙伴，并于1920年在马氏体合金的基础上，成功研制了第二种“铁素体”不锈钢。这种含铬量大于17%的铬不锈钢，不仅有良好的抗高温氧化和抗腐蚀能力，而且塑性、韧性特别好，适于制作形状复杂又有较高耐蚀性的各种化工、食品、汽车、建筑和医疗器材。

还有一种“奥氏体不锈钢”，这种具有优良的耐蚀性和高塑性、韧性的“无磁”不锈钢，德国克虏伯公司早在1912年就研制出来了，因为其含铬18%和含镍8%~9%，被称为“18—8不锈钢”。但克虏伯公司似乎对此兴趣不大，其专利权后来落到了美国科学家手中，还引起了一场专利风波。但是，这一切并不影响奥氏体不锈钢在化工、食品、能源等领域的广泛应用。

不锈钢中的合金元素，是铬和镍当“主角”，特别是铬总是“头牌”。后来亦有加入钛、钼、铌、硅等合金元素的不锈钢，但依然不会动摇铬、镍的主导地位。

现在，工业生产的不锈钢有100多种，从宇宙飞船到航空母舰，从高速列车到电厂汽轮机，从石油化工设备到商场货柜，从医院手术室到食品厂生产线，从餐厅厨房到家庭饮水器，从建筑门窗幕墙到艺术雕塑，从钟表电器到珠宝首饰……到处都有不锈钢靓丽的身影。

钒合金钢的出现，颇有传奇色彩，且听慢慢细说。

1905年，美国伊利湖畔公路上，发生了一起严重的车祸：两辆汽车“追尾”撞车，引发了后面一连串汽车连续相撞，顿时，车翻人伤，公路上一片混乱，碎玻璃、碎金属片狼藉满地，交通全部阻塞。除了警察和救护车赶到现场以外，公路上其他被阻车辆的司机和乘客也来参加抢救。其中就有后来闻名于世的“汽车大王”亨利·福特。

福特在帮助清理现场时，出于汽车商的“专业反应”，特别注意被撞坏汽车的各种损坏“状况”。在一辆法国轿车断裂的传动轴旁，他蹲了下来，那闪亮的断口和碎片引起了他的兴趣。几乎没有变形的整齐断口，以及断口细密的晶粒，说明传动轴的材料非常强韧，但究竟是什么材料呢？他悄悄地捡起了几块碎片。回到公司以后，福特立刻派人调查那种法国轿车，并将这些碎片送到了中心试验室，要弄明白这些碎片内究竟有什么秘密。成分分析和性能测试报告很快出来了，这些碎片中含有少量的金属钒，材料有优良的弹性，强度高、韧性好，具有很好的抗冲击和抗弯曲能力，而且不易磨损和断裂。同时，公司情报部门送来了另一份报告，同类型的法国轿车上并不是都使用这种“特别”的钢材，这家法国公司使用这种含钒的钢材，似乎是试验或“纯属偶然”。

福特从两份报告中看到了机遇，果断地决心研制“钒合金钢”，要让强韧的“钒钢”成为福特汽车“走向世界”的“通行证”。福特成功了，福特公司用钒钢制作汽车发动机、阀门、弹簧、传动轴、齿轮等零部件，汽车的质量得到了大幅度的提高，福特汽车也由此“走红”美国市场，并开始“走向世界”。几十年后，福特汽车公司已成为世界上最大的汽车厂商之一，福特高兴地说：“假如没有钒钢，或许就没有福特汽车的今天，没有汽车的今天。”

钴合金钢，被称为合金钢中的“超强钢”、“磁钢”。它的发明，并没有“偶然性”，而是日本金属学学者本多光太郎“精确分析”的结果。

本多光太郎在东京大学物理系学习时，对“金属磁学”有着深厚的兴趣和深刻的见解。随后，本多光太郎到著名的德国哥廷根大学留学，留学期间，他主要研究冶金学和金属磁学。在金相的研究过程中，他改变了过去主要用显微镜观察金属表面进行热分析的方法，而是采用了热膨胀、电阻和磁的异常变化综合分析手段，精确地分析了温度造成的钢铁及合金金相的细微变化。对于磁性材料钴，他有深入的研究。

1917年，本多光太郎和他的助手高木弘一起，通过“精确分析”反复试验，研制出了“世界上最强的磁铁”钴钢。其添加的大致成分为碳1%，铬2%，钨6%，钴35%。他们将这种钴钢加热到930℃至970℃之间，然后立刻浸入油中进行淬火处理，这样便大大提高了钴钢的性能。他们发现，这种钴钢不仅磁性最强，而且强度超过了当时所有的钢种。本多光太郎为了感谢好友实业家吉左卫门对他研究的大力支持，他将这种钴钢命名为“吉左卫门钢”，简称“KS钢”。1919年，本多光太郎又成功研制出比“KS钢”强度更高的“钴钢”，他获得了“日本帝国科学院奖”和“日本政府文化勋章”。后来，德国、美国、俄罗斯等国亦都研发了不同品牌的“钴钢”。至今，钴钢这种“超强钢”、“最强磁钢”，依然是科技界和工业界“宠爱”的材料。

合金钢大多是有优良强韧性的“硬汉”，而钨钢可称是硬汉中最硬的“超级硬汉”。

传说中锋利的宝刀、宝剑，可以“削铁如泥”、“吹毛得过”，经考古学家和冶金学家的“实物”研究，发现很多宝刀、宝剑都含有钨！这钨，是宝刀、宝剑的“宝”。

第一次世界大战期间，英军的坦克、装甲车“首次亮相”，在战场上纵横驰骋势如破竹，几个战役下来，打得德军晕头转向溃不成军。可是，正当旗开得胜的英军开着“刀枪不入”的坦克、装甲车，准备乘胜追击长驱直入时，形势突然发生变化。英军的坦克、装甲车忽然“纷纷中弹”，或爆炸、或损毁不能动弹，德军乘机反攻，英军一时搞得很被动。难道德军的炮火，一夜之间就会突然变得无比威猛？英军情报和科技人员紧急“动作”，终于破解了德军“穿甲弹”之谜。原来德军吃了坦克、装甲车的“亏”后，迅速研制了弹头为钨合金钢的“穿甲弹”，在战场起到了“立竿见影”的效果。而英军弄清楚了德军的钨钢穿甲弹头后，有针对性地研究装甲钢板性能的提高，研制了加入铬、锰、镍、钼等合金元素的高硬、高强装甲钢板，其厚度只有原来装甲钢板的1/3，就足以应对德军的穿甲弹了。这穿甲弹与装甲钢板的故事，似乎是古代矛与盾故事的现代版。当然，钨穿甲弹并没有挽回德军的最后失败，但钨合金钢高强高硬和高耐热的优异性能给人们留下了深刻的印象。

钨，在金属家族中，熔点最高（3410℃），也是“最不怕热”的金属。电灯泡中的钨丝，能持久地高温发热发光，可以说是在“明示”钨的优异耐高温性能。钨合金钢，也传承了这种优势。钨合金钢车刀在1000℃的高温下，依然强韧坚硬可正常切削；而一般高碳钢车刀，高于250℃就变软“卷刃”无法工作了。钨钢在国防武器中，除了当穿甲弹弹头外，还用作制造高强、耐高温的枪管、炮筒。而工业上的高速、高温刀具，高速轴承和轴等等，都有钨合金钢在作贡献。

锰合金钢的问世，还有点曲折。

虽然早在两百多年前，人们就炼制了“锰钢”。在诸多的合金元素中，锰比铬、镍、钴、钒等更为易得、便宜，所以有不少人关注熔炼锰钢。但是炼出的锰钢质地坚硬却脆性大，就像瓷器、玻璃那样一碰就碎，后来人们对锰钢是“舅舅不睬、姥姥不爱”，很少关注。20世纪三四十年代，有轨电车开始风行欧洲，年轻的英国冶金学家海费德为研制耐磨的有轨电车车轮，想到了那又硬又脆“价廉物不美”的锰钢。海费德知道那些锰钢的含锰量是2.5%~3.5%，性能硬而脆，但他对大家“公认”的“脆性是锰所造成”心存疑虑，决心弄个明白。他在锰钢的冶炼研究中，不断增加锰的含量，当增加到13%时，奇迹出现了。炼出的锰钢，竟然坚硬强韧，再也不“脆”了。价廉物美的锰钢，顿时身价百倍，立刻成为机械工程材料的“新宠”，被广泛应用。到20世纪中后期，锰合金系列的“高强度低合金钢”，在建筑、机械领域几乎替代了碳素结构钢。20世纪六七十年代的锰钢自行车，就是用的锰合金系列的高强度低合金钢。1973年，上海建造的可容18000人的万人体育馆，大厅直径120米没一根柱子，其整体屋顶就是高强度低合金锰钢钢管焊接的网架；2008年奥运会，蜚声国际的“鸟巢”体育馆，用的Q460低合金高强度钢，也是锰系列钢。

关于锰钢，还有个有意思的“虎王坦克”故事。

那是第二次世界大战期间，德军的一辆虎王坦克在战场上被苏军炸毁，成为苏军的战利品。但是，当天晚上，德军立即以一个团的兵力突袭苏军，不惜代价地把这辆已不能动弹的虎王坦克抢回去。德军对一辆已被炸毁的坦克，如此大动干戈，目的就是为了保护虎王坦克武器技术和装甲材料的秘密。

虎王坦克，以其利炮、坚甲而被称为“战场怪兽”、“陆战之王”和“无敌坦克”。利炮是指虎王坦克装备的保时捷炮塔和88mm的反坦克炮；坚甲则是指虎王坦克坚不可摧的装甲。

我们来讨论一下虎王坦克那坚不可摧的装甲。当时坦克、装甲车的防弹装甲，都使用高强度、高硬度的高碳、高合金钢厚板材。成本高，加工也很困难。各国都在研究开发防弹性能好，而加工方便、成本低的装甲材料。德国在研制虎王坦克时，发明了高锰钢系列的防弹装甲钢材。这种高锰钢，在受到炮弹冲击时，能形成高硬、高强韧性的组织，产生很好的防弹抵抗力，而对加工条件要求也不苛刻，解决了使用和加工的矛盾。而合金元素锰的成本，比铬、钛等合金元素便宜得多。这个技术秘密，德军肯定不能让苏军和同盟国掌握，所以要不惜牺牲把被炸毁的虎王坦克抢回来。

当然，几种技术秘密、几百辆虎王坦克，并不能挽救德国法西斯灭亡的命运，不久，苏联、美国也陆续研究、突破了高锰钢装甲材料的技术难题。如今，高锰钢已成为被普遍运用的装甲材料了。

由于系列合金钢的辅佐，“钢铁元帅”至今在材料世界的结构材料领域中似乎依然威风不减。但是，随着新材料的不断涌现，在功能材料领域，钢铁材料已难以“称雄”；即使作为不可或缺的建筑材料，也受到了铝合金、复合材料和塑料的严重挑战。目前，以体积而论，合成高分子材料产量已超过钢铁材料，再加上钢铁对资源和能源的依赖，钢铁老大的日子，已经远不如以前风光了。

2.4 21世纪金属

航天飞机、导弹、火箭、潜艇、快艇放“烟幕”

钛 (Ti)，被称为21世纪金属，可不是徒有虚名。

钛在地球上并不稀有，储藏量在地壳中占0.6%，比铜、锡、锰、锌等金属要多好几倍至几十倍，但直到1910年才被人们“发现”。因为钛在自然界，基本以结合紧密的二氧化钛的形态存在。早在1791年，就有人发现了二氧化钛，由于二氧化钛性性质稳定，难以分解，一直被认为是“单质”物质。“钛”这个名字，其实当初是给二氧化钛取的。直至1910年，也就是发现二氧化钛整整120年以后，才由美国化学家罕德尔炼制得到纯度为99.9%的纯金属钛，虽然重量还不到1克，但人们终于见到了真正的纯钛。

真正认识了钛，方知钛“才能”非凡。简单地说，钛强度高、比重小、耐高温、抗腐蚀，而且储藏量大。钛的强度与钢相近，而比重只有钢铁的一半，虽然比铝重一点，但硬度比铝高两倍。钛的熔点高达1725℃，比钢高了好几百度，而且抗腐蚀性奇好，不怕强酸、强碱，连“王水”也不怕。有人在海底打捞起一个五年前沉船中的金属钛零件，抹去零件上的污泥和海藻后，居然依旧银光闪闪，没有一点锈斑。

1964年8月18日上午，苏联首都莫斯科的普罗斯克特米拉广场上，正在举行一个隆重的典礼。政府高级官员、红军将领、各国外交使节数百人仰望着一座用红色丝绸包着的建筑物。嘹亮的军号声中，仪仗兵神情严肃，举手敬军礼，行人驻足观望着……丝绸缓缓滑落，一枚银白色“火箭”展现在人们眼前，原来，这是苏联政府建立的“火箭”式“航空航天纪念碑”。

如今，40多年过去了，人们发现，尽管这枚“火箭”经受了风霜雨雪和空气污染的长期考验，依然是那么光洁明亮、引人注目。它是用什么材料制作的呢？钛合金！

钛虽然抗腐蚀、抗氧化，但在高温下氧化燃烧可产生很大的热量，所以“超细钛粉”又可用作“安全的”火箭固体燃料。

因此，“多才多艺”的钛亮相后，立刻被宇航和军事部门“重用”。火箭、导弹、航天飞机、宇宙飞船和人造卫星等对结构材料、零件材料的要求很高，钢铁材料和铝合金材料都难以胜任，只有性能更高、更好的金属钛和钛合金，能够担此重任，钛及其合金，也就成为了著名的“宇航材料”。目前，全球用于“宇航”的钛，已高达千吨以上。不仅宇航、火箭和导弹重用钛及其合金，邮轮、军舰、坦克、潜艇也开始大量使用钛及其合金。

钛及其合金，还有个奇妙的“生物亲和力”特性。以前，治疗粉碎性骨折病人，经常使用不锈钢材料的“骨架”、“骨钉”来修复、支持破损的骨骼。虽然不锈钢耐腐蚀，不会生锈和产生有害物质，但不能参与生理代谢和循环，总是“异物”。而且，多多少少对生理功能有影响，有的人因此会对气温、湿度变化显得十分“敏感”，因而被戏称为“气象台”。而若使用钛金属材料。由于它的特殊“生物亲和力”，肌肉纤维、血管、神经可以紧密附着“钛片”和“钛钉”生长，而且“钛片”、“钛钉”居然会“骨化”。有位车祸的伤员，头盖骨损伤，医生“补”了一块钛片，再将缝合的头皮覆盖在钛片上。待伤口愈合后，那钛片上的头皮居然很快长出了头发，而一年后再检查，竟然令人惊奇地发现，钛片四周边缘已与头骨“融为一体”。所以，钛又有“亲生金属”之美誉。

化学工业中的“反应釜”，经常要经受高温、强酸的考验，原来的不锈钢材料难以承受高温下硝酸的强烈腐蚀。传统的反应釜往往不到半年就要更换和维修釜体的不锈钢部件，费时、费工、费材又费“财”。改用钛合金材料后，至少可以连续使用5年。虽然钛合金材料比不锈钢贵，但是省工、省时，保证质量又提高效率，有效地降低了总成本，用钛合金替代不锈钢是理所当然。

正因为钛有优良抗腐蚀性以及对人体的亲和力，所以医药、化工、食品等部门，也都逐渐用钛及其合金来代替原来的不锈钢器材。

还有，钛的一些化合物，也有特殊的性能和用途：

●高级白色颜料的主要成分钛白粉，就是纯净的二氧化钛。

●氮化钛和碳化钛，是制造切削刀具的耐热硬质合金。

●钛酸钡晶体有压电效应，是医疗、工业探伤超声仪器的重要材料。

●四氯化钛，遇到水汽就会变成“浓雾”(其实是悬浮的白色二氧化钛“水凝胶”)是鱼雷快艇施放“烟幕”的人工烟雾剂；农业上，也在秋冬季节用来“防霜”……

所以，把“特有才”的钛，称为“未来钢铁”、“宇航金属”和“21世纪金属”，是名副其实，毫无夸张之意。

2.5 “硬汉”大家庭中的异类

在93种金属元素中，所有的金属元素名称，只有“汞”是不带“金”旁的另类。因为在“金氏”家族中，也只有汞在常温下是液态。它的别名“水银”，就是它“银光闪闪的水”性状的真实写照。汞的希腊文原意，就是“液态的银”；我国李时珍在《本草纲目》中也称它“如水、似银”。

人类与汞打交道，据传已有三千多年历史，欧洲古代的

“辰砂”矿、水银开关、温度计、日光灯

“点金术”、“炼金师”和中国古代的“炼丹术士”都离不了水银。传说可以“驱邪避灾”的“朱砂”又名“辰砂”，就是硫化汞。而称“朱砂为金，服之升仙者上士也”，则是把“朱砂”奉为“仙丹”了。

对于自然界现存较多的硫化汞“辰砂”，不妨多说几句。辰砂，属疏化物类矿辰砂族，主含硫化汞（HgS），因盛产于我国古代辰州（今湖南沅陵）而得名。我国除湖南外，贵州、四川、广西、云南等地亦有出产。原为“道地药材”。药性“甘，微寒，有毒，归心经”功效“清心镇惊，安神解毒”主治“心神不宁，心小季，失眠”、“惊风，癫痫”及“疮疡肿毒，咽喉肿痛，口舌生疮”。古籍《神农本草经》、《本草纲目》、《本草从新》、《内外伤辨惑论》、《外科正宗》、《千金方》等均有记载。现代医药研究认为，“朱砂能降低大脑中枢神经的兴奋性，有镇静催眠、抗惊厥、抗心律失常作用，外用有抑制和杀灭细菌、寄生虫作用。”并指出：“朱砂为无机汞化合物，汞与人体蛋白质中巯基有特别的亲和力，高浓度时，可抑制多种酶的活性，使代谢发生障碍，直接损害中枢神经系统”有不良副作用。作为“药材”，这是“科学”。而说“驱邪避灾”已有夸张之意，至于“炼金”、“炼丹”和“长生不老”、“升仙”……则是迷信讹传，甚至是有意的骗术了。

自然界的汞，多以汞化合物状态存在，其中最多的是硫化汞矿。据说，在南美和北欧，曾在硫化汞矿区发现过景色绮丽“水银湖”，但欣赏过这美景的人都“非死即病”。因为，汞特别是汞蒸气，有剧毒。人若吸入少量汞蒸气，就会产生恶心、呕吐、呼吸困难等症状，严重时会造成心脏麻痹而危及生命。所以，即使打碎温度计那一点点水银，也要小心。被列为“20世纪重大环境污染案例”的日本“水俣病”，就是水俣镇一家化工厂排出“含汞废水”而造成的。病人被汞损害中枢神经，十分痛苦。猫染了“水俣病”，竟会痛苦得跳河！

但是，汞有它独特的“个性化”优点：

●汞被称为“金属溶剂”，可以溶解金、银、铅、锌等很多金属，所以金矿、银矿多用汞从矿砂中溶取金、银。

●利用汞的液态和灵敏的“热胀冷缩”性，汞可用以制造温度计和温控开关。

●利用汞的液态和导电性，汞可用以制造功能特殊的水银开关，进行自动控制。

●最早的威尼斯玻璃镜，就是用的“锡汞齐”。

●日光灯管中，是汞蒸气在电场作用下激发荧光涂料发的光。

●还有汞的一些化合物，可以制作有很好的灭杀菌毒作用的灭菌消毒剂等等。

记住，汞这种“另类金属”，很漂亮、很特殊，很有用，但很毒！

2.6 金属有“记忆”

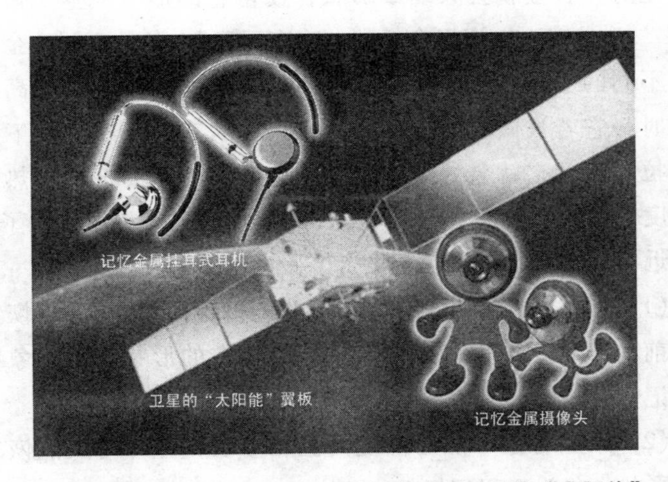

记忆金属挂耳式耳机、记忆金属摄像头、卫星的“太阳能”翼板组图

人有记忆，是因为人有大脑可以储存信息；电子计算机有记忆，是因为它有磁性元件可以储存数字信息。难道金属也能有记忆？金属又在哪里储存信息呢？是的，很多人看了这个标题都会产生这样的问题。即使再多说几句，如“记忆”金属可以记忆“形状”，或能“记忆形状”的金属叫“记忆金属”等等，照样会有很多类似的问题。因为仅有个名词，没说什么道理。那么现在就细细说说道理。

20世纪六七十年代，金属学家发现，有一种镍钛合金丝，加热时可以加工成各种复杂的形状，冷却后把它拉直，它也就保持着“直态”。但若对这“直态”的镍钛合金丝加热，到一定温度，这“直态”的合金丝竟然会恢复到原来的复杂形状状态。这种金丝似乎对形状有记忆能力，真是让人觉得惊讶。

通过实验研究，科学家终于弄明白了原因。原来，镍—钛合金在40℃以上和40℃以下的晶体结构是不同的，温度在40℃上下变化时，合金就会收缩或膨胀，使得它的形态发生变化。这“40℃”就是镍—钛记忆合金的“变态温度”。各种不同合金都有自己不同的变态温度。上述那种高温合金的变态温度较高。在高温时，它若被做成螺旋状而处于稳定状态；而在室温下强行把它拉直时，它就会处于不稳定状态，因此只要把它加热到变态温度，它就立即恢复到原来处于稳定状态的螺旋形状态了。

近年成功研发的形状记忆合金，可以分为三种：

（1）形状记忆合金在较低的温度下变形，加热后可恢复至变形前的形状，这种只在加热过程中存在的形状记忆现象称为单程记忆效应。

（2）某些合金加热时恢复高温相形状，冷却时又能恢复低温相形状，称为双程记忆效应。

（3）加热时恢复高温相形状，冷却时变为形状相同而取向相反的低温相形状，称为全程记忆效应。

目前，已开发成功的形状记忆合金，除Ni—Ti基形状记忆合金外，还有铜基形状记忆合金和铁基形状记忆合金等。

其实早在1952年，就有科学家发现了金镉合金有相变可逆性，后来又发现铜锌合金也有类似的相变可逆性。这就是“形状记忆效应”的最早发现，只是他们没有意识到，而人们也没有多加关注。直到1962年，镍钛合金的宏观形变记忆效应被发现，引起了广泛的关注，这才被材料学界和科学界开始重视。

到20世纪70年代初，Cu—Zn、Cu—Zn—Al、Cu—Al—Ni等

合金中，也发现了与马氏体相变有关的形状记忆效应。几十年来，有关形状记忆合金的理论研究，不断丰富和完善。在理论研究不断深入的同时，形状记忆合金的应用研究，也取得了长足的进步，其应用范围已涉及机械、电子、化工、宇航、能源和医疗等众多领域，商场中也出现了“记忆金属眼镜架”、“记忆金属摄像头”、“记忆合金报警系统”等时尚产品。

人造卫星的天线和太阳能翼板，也用记忆合金来控制。它们在卫星发射和进入轨道前，都“卷缩”在卫星体内，进入轨道后，就借助太阳热能或自动热源进行加温，记忆合金就利用形状记忆展开天线和翼板。当然，记忆合金用在家中的门窗自动开合上，是“小菜一碟”，只是价格太贵了点。但在救死扶伤的医学领域，用作“人造心脏”、“血栓过滤器”、“接骨板”等等，记忆合金已开始“大展身手”了。

2.7 “音乐”金属

说起“音乐”金属，我们就会想起金色的小号、银色的萨克斯管，还有“大众化”的铜锣、铜铃……对了，还有吉他、小提琴，琴弦可都是金属的，而钢琴，琴弦是“钢丝”，所以就叫“钢琴”了吧？

我们就从被称为“音乐皇后”的钢琴说起。关于钢琴为什么是“皇后”而不是“皇帝”，我们后面再说，先说说钢琴与金属的关系。钢琴发音的振动体是钢琴弦，用的是“乐器钢丝”，与一般的“琴弦钢丝”不同，是含碳0.9%的高碳钢丝。由于钢

乐器

琴演奏时，这乐器钢丝要承受琴锤的反复敲打，必须有足够的强度和韧性，假如钢丝变形，发声就会变音，钢琴奏出的音乐就会走调……所以钢琴的乐器钢丝从选材、拉拔加工到热处理，都非常讲究。制造更强、更好的钢琴乐器钢丝，几乎成为制造钢琴的不朽课题。目前，最好的钢琴乐器钢丝是瑞典钢丝。钢琴琴声音调的高低，由不同直径、长短的乐器钢丝发出。高音用短、细钢丝，不会产生结构问题，而低音的长、粗钢丝，恰因“基音倍音”匹配而产生了结构问题。因为如果按照最佳匹配来设计的低音钢丝，居然长达5米！好在古代音乐人就解决了这个难题，办法就是在钢丝芯线上卷铜线。这样就可以有效地缩短低音琴弦钢丝。当然，钢琴又多用了约3千克纯铜卷铜线。

钢琴的框架要承受230条琴弦的张力，而且不仅要有足够的受力强度，还要有艺术的造型。音乐是艺术，钢琴也应是艺术品。18世纪初，早期的钢琴只有5个半音，琴弦少、张力小，所以可以用木制框架。而到了19世纪，钢琴的音域、音量都增加了，木框架已难以支撑，就出现了钢管增强的木框结构。而到

19世纪中叶，终于出现了全金属的铸造框架。与此同时，框架对钢琴的音调音色影响问题也开始引人关注。也就是说，钢琴框架除了考虑受力强度和艺术外形外，还要考虑音调、音色影响这一乐器的本质问题。这个问题很重要，也很复杂。从铸造框架的灰口铸铁材质到框架结构形式，都会产生影响，必须一项项试验调整，长期积累经验、吸取教训。现在，各国制琴高手、大师，都保留着自己的技术秘密。

钢琴中的调音杆，用来调节琴弦的松紧，控制音调音准。调音杆采用强度高、韧性好的“中碳钢”，一般含碳量为0.55%。

钢琴中的金属材料，主要就是这些，还要提到的是琴锤的锤柄一般用铝合金，一台钢琴约用3千克铝合金。其他零碎的金属辅件，如螺栓、螺钉、螺帽之类，对乐器没什么影响作用，就不谈了。

至于乐器中的“皇后”“皇帝”的问题，这里作个简单介绍。钢琴虽然在音色、音量和表现力来说，在乐器中确实“出类拔萃”，但因其乐器构造决定，发不出整数倍的倍音，而且音调分立不连续，所以“帝冠”被小提琴夺走，只能屈戴“后冠”。当然这只是一说，有人就是喜欢贝多芬、肖邦有气势的钢琴曲，不喜欢如歌似泣的小提琴声，那是各人的艺术审美和爱好，不必较真去讲道理的。

管乐器有金属管乐器和木管乐器之分，金属管乐器包括长笛、萨克管、喇叭、短号、长号和法国号等。顾名思义，金属管乐器都是金属制造的；而短笛、单簧管、巴松管等木管乐器也使用部分金属部件。

金属与金属管乐器的关系，一是金属材料结构形成“管腔”，声音在管腔中形成、反射、共振、发射；二是金属材质本身对音色、音量的影响作用。关于管腔的形状与声学原理，经验和理论相对都比较成熟，具有一定加工工艺性的金属材料似乎都可以满足，但管乐器选材必须同时兼顾两方面。而第二方面还是偏重经验，理论上还有点“说不清楚”。好在音乐艺术本身比较务实，长期历史的实践，已为我们遴选了黄铜、红黄铜、白铜等金属材料，而且成分组成也有了具体要求：如黄铜要求“三七黄铜”，即30%锌、70%铜；红黄铜要求“一九黄铜”，即10%锌、90%铜；而白铜要求30%镍、70%铜。道理不清晰而效果很好，而且这些材料都有声音不易衰减和不易锈蚀的特点，外形鲜亮又乐音悠扬，理论说不清就说不清吧，乐器好看、音乐好听还想什么呢？古代有“金铃”、“银笛”之传说，有人用金、银制作乐器，音色很美，但用贵金属制作乐器似有奢侈炫耀之嫌，音乐艺术的生长发展似乎很难植根于荣华富贵，还是让镶宝石、饰珍珠的豪华乐器给有钱、有闲的人去“玩”吧，艺术和乐器还是回归民众才会“海阔天空”。

2.8 金属“超人”

金属大家族可称“英雄成群、豪杰如云”，这里再介绍几位“超凡脱俗”的金属“超人”：

先说说“金属玻璃”。看名字就有点怪里怪气，“不搭界”的金属和玻璃凑在一起，究竟是玻璃似的金属，还是金属般的玻璃？是的，金属玻璃这名称容易让人猜疑，它的正式学名“非晶态金属”就比较清晰，只是有点“学究”气味。

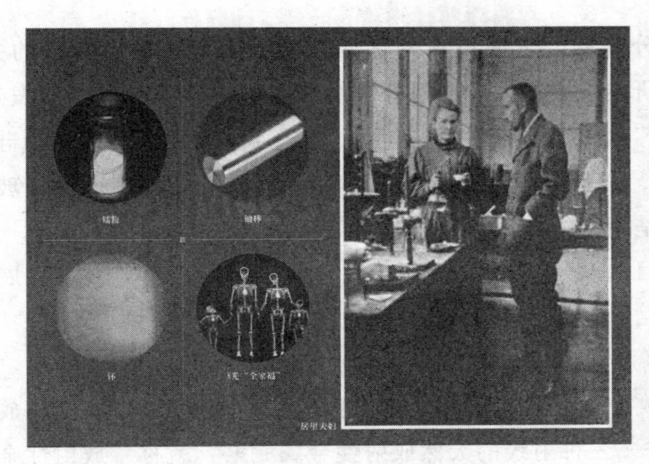

居里夫妇、镭粉、铀棒及X光“全家福”照片

我们现在所用的金属材料，其原子结构都是有规则排列的晶体，金属的各种性能，也是由这些晶体结构决定的。我们对于金属晶体的研究，已经非常成熟。而透明的玻璃是非结晶体，原子结合杂乱无章。本来，晶体金属和非晶体玻璃性能有别、用途各异，“河水不犯井水”确实“不搭界”。但是，在20世纪五六十年代，科学家研究发现，当高温熔化的金属液体，以极大的冷却速度冷却凝固时，如冷速达到100万度每秒，金属原子来不及按规则排列，被杂乱无章地“冻结”了，会形成类似“玻璃”的非晶态金属。由于非晶态金属的杂乱无序的原子结构类似玻璃，人们也就称它为“金属玻璃”。

原子结构决定性能，这种原子无序的“非晶态金属”性能究竟如何？科学家惊奇地发现，金属玻璃虽然不像玻璃那样透明，但具有玻璃的一些优良性能，如硬度高、耐温、耐腐蚀等，还具有很好的韧性和刚性，而且强度比普通金属都高，抗腐蚀性更比不锈钢强上百倍，还有极好电磁性能、抗核辐射性，有的金属玻璃还有良好的超导性。真是好处、优点“一箩筐”，令人十分惊喜。金属玻璃的优异性能，引起了世界各国的关注，近年研发进展很大，而且在非金属材料领域也引领了研发热潮。如硅芯片和太阳能单晶硅电池，已有人研制应用非晶硅（硅金属玻璃），以提高性能、提高效率和降低成本。但制取金属玻璃的难点是获得每秒100万度的冷却速度，使研发和生产受到一定制约，目前获得的金属玻璃都是薄薄的片膜。随着科技发展，我们相信，金属玻璃在机械、电力、化工、医药、交通、国防、能源等领域将能大有作为、大放异彩。

放射性金属，它的"特异功能"就是"放射"。能够放射出α、β、γ三种射线的天然放射性金属元素，就称"放射性金属"。放射出来的α射线，是带正电荷的氦核粒子流；β射线，是高速电子流；而γ射线，是波长比X射线更短的电磁波——光子流。通常所说的放射性金属，主要指铀和镭系、钍系和锕系等具有放射性的金属。元素周期表最下面两行的很多"人造元素"，多为放射性金属，可以放射出人眼看不见的射线，对人体会造成严重危害。

其实最早发现的射线，并不是"α、β、γ"射线，而是"不明不白"的X射线。1895年，德国物理学家伦琴在研究气体放电和阴极射线的基础上，发现了"X射线"。由于不知道这穿透力极强的射线究竟是什么东西，借用了数学上未知数的代号"X"来命名，意思就是未知射线。1912年，德国物理学家劳厄解开了"X"之谜，证明X射线是一种波长很短的电磁波。也就是在X射线的深入研究和应用基础上，终于迎来一系列重大的放射性发现。

1896年3月，法国物理学家贝克勒尔，发现了硫酸双氧铀钾中的铀（U）有放射性，而且能透过黑纸使照相底片感光。一张由铀射线照下的金属钥匙底片，引起了轰动。铀是人类发现的第一个放射性金属元素。铀和铀盐类的放射性，确实是贝克勒尔的重大发现，而铀这个元素的发现和命名，却是在1789年，发现者是德国化学家克拉普洛特。那位德国化学家在研究沥青矿时，发现了矿石中的一种新元素，他就用当时才发现不久的“天王星”（Uranus）来命名，称它为“铀”（Uranium）。只是人们并没有过多关注这个新发现，克拉普洛特也没有再深入研究，放射性的发现就延迟到了百年之后。

1898年7月，比埃尔·居里和居里夫人，在研究铀的放射性过程中，发现了比铀的放射性强400倍的新放射性金属元素钋（Po）。同年年底，他们又宣布发现了比铀的放射性强200万倍的放射性金属元素镭（Ra）。钋的命名，寓含居里夫妇对祖国波兰的纪念，因为钋的拉丁文读音为“波兰宁”，而镭的拉丁文原意，就是射线。1906年，比埃尔·居里因车祸不幸去世，居里夫人坚强地继续研究镭的放射性，于1910年制得了世界上第一块“纯净”的金属镭。要知道，从沥青铀矿中提炼镭，是非常非常艰巨的工程。沥青铀矿中的镭含量，不到百万分之一。有人计算过，要用400吨矿石、800吨水、100吨化学药液、90吨固态化学药品，才能提炼1克镭的化合物。而纯金属镭还得从镭化合物中再进一步提炼。居里夫人是世界上少有的两次获得诺贝尔奖的科学家，在这背后，是她“世界上少有的”艰苦工作。

镭的放射性，是镭原子的不断“裂变”，1克镭每秒可放射出370亿个α粒子（带正电的氦原子核）。1克镭的放射性能量转化为热能，可融化3吨多冰！医学上利用镭的放射性来治疗癌症和顽癣，还可用于激发荧光材料发光等等。

铀是原子弹和核电站的原料。自然界的铀，有铀235、238和铀234三种，天然铀矿中以铀238为主（约占99.28%），铀235仅占0.715%，而铀234仅占0.00006%。而原子弹、核电站使用的都是铀235。铀238通过“吞食”中子转变为钚239，就可以用作原子弹或核电站的燃料了。

大家都十分关注放射性金属的危害和污染，这当然是必须注意的重要问题。也正因为这个原因，涉及放射性领域的研究、应用和生产单位，都把预防危害和污染作为第一位的任务而优先考虑。比如核电站预防危害和污染的安全设施，比热电厂更加严格。而现代工作、生活环境中，事实上到处都有各种不同的放射现象，如街市的霓虹灯、荧光灯，家中的电视、日光灯，乃至阳光、温泉……只要在安全标准以内，不会造成危害和污染。像切尔诺贝里核电站事故和放射源流失事故等等，都是极少数偶发事件，我们要关注，要相信有关的专业机构，不必在日常生活中大惊小怪，过分紧张。其实放射性在很多地方正在很好地为我们服务呢。比如“放射性同位素”。

放射性同位素，被称为“元素侦察兵”而活跃在医学战线上。通过它对患者进行疾病诊断，快速、准确，无任何痛苦和副作用。如为了确诊甲状腺病，患者服用“碘131片”后，当碘131进入甲状腺体后，医生就可以通过检测碘131发出的信号，进行“直接观察”或照相摄像，准确判断出腺体是否肿大、病变。这碘131，就是比普通碘多4个中子的碘放射性同位素，它能不断放射微量的β射线和γ射线作为示踪信号。钠的放射性同位素钠24，在医学上用于测定人体血流速度，对于诊断肺脉管炎、静脉炎、心脏病和甲状腺病变等有很好效果。而钙47和镓72这两种放射性同位素，不仅用于诊断骨癌，而且还有杀伤肿瘤细胞的治疗作用。

在农业上，放射性同位素也大有用武之地。它成功地检测出作物的光合作用过程和效率；“报告”农田的墒情，即土壤水分；“显示”化肥的吸收和利用率；甚至“摸清”病虫害祸害农作物庄稼的全过程，以“有的放矢”地进行灭杀。

在工业上，放射性同位素也在大展身手。在一些连续运转、危险、恶劣艰苦、难以直接检测的地方，如高速运转的机器、高温高压的反应罐、炼铁高炉的炉壁厚度、炼钢炉和水泥回转窑内的炉料状态等等，事先安排好的放射性同位素可以定时、定点及时进行“报告”，不仅一目了然，而且精确灵敏。

还有众所周知的“碳14”测定古生物和文物的“年代”等等，放射性同位素可称功勋卓著！

在元素周期表最后一行，92号铀以后的元素，被称为“超铀元素”，都是“人造元素”，也都是“放射性金属”。这些金属元素是20世纪40年代后陆续被“人为”发现的。

其实1919年卢瑟福用α粒子轰击氮，就把氮变成了氧，首次实现了人工转变。但当时α粒子的能量不大，对原子核的内部结构也不清楚，所以并没有进一步想到要“人工制造”更多元素。20世纪30年代，中子的发现揭开了原子核的神秘面纱，而美国物理学家劳伦斯发明的“回旋加速器”，使人们进一步探寻原子核秘密有了武器，那就是被加速的高能量粒子。利用改进的回旋加速器，用氘轰击42号元素钼，得到第一个“人造元素”43号元素锝。锝的希腊文原意，就是“人工制造”。以后，又人工制造轰出了85号元素砹和61号元素钷。在此之前，87号元素钫也被发现。这样，92号元素铀之前的所有元素全部“到位”。但科学家似乎并不想就此止步，他们用中子去轰击铀238的重原子核，获得了质子增加的铀同位素（放出电子而使中子成为带正电的质子）。可是科学家想多一点中子打入原子核，以人造新元素的想法，并不顺利。因为重原子核对质子的过多增加，有“抵触情绪”，再多的中子根本打不进去。于是“更辕改辙”另辟蹊径，在大型加速器中加速“重原子核”，用加速的“重原子核”

去轰击另一个重原子核，使两种重原子核紧密团结融合成新的更“重”的元素，成功了！101号元素钔以后的元素，就是这样人造出来的。

至今，已经发现和人造的元素共115种，其中23种是人造元素。109号元素，是德国科学家1982年，以铁离子为“炮弹”轰击金属铋，整整轰了15天，才获得了109号元素。可是它只“活”了5毫秒，就“蜕变”成了107号元素，又经过22.3毫秒，放出一个粒子又变成了105号元素的同位素。轰了15天，生了个只“活”几毫秒的“娃娃”，看也没看清楚就变走了，连名字都来不及取。

人造元素真不容易，费这么大劲图的是什么？科学家认为，这些人造新元素，不仅有科研价值，而且大有实用价值。这些人造放射性金属元素，很多是极好的核燃料和能源。钚239、锎252就都是很好的核原料。据测算，锎252发生爆炸的“临界质量”仅为1.5克。也就是说，有绿豆大小的一粒锎，就可以制造“微型原子弹”，很可怕又很实用。而用钚238和锔244，可以制成微型高效核燃料，用在宇宙飞船、航天飞机上，其能源效率比丁烷类气体燃料高15000倍。现已试制成功高浓缩的钚238核电池，用作植入人体的心脏起搏器电源，可以连续使用十几年，而所用的钚238仅200毫克。据报道，美国宇航员的恒温宇航服，热源用的就是钚238。

而这种人造放射金属元素，都有放射性，也就是可利用的辐射源。如镅241放射γ射线，可以作为测定痕量元素、分析溶液成分的γ射线源。还可以用于制作火警预报的感烟报警器及温度、有害气体监测装置；锿254是很好的α射线源。而锎252是被一致看好的高能中子源，其效率和可控性，让任何核反应堆都望尘莫及。近年医学诊疗新技术中子照相和中子治癌，选用的中子源就是锎252。

目前，钚239、镎237、镅241、镅243以及锔244等人造元素，都已投入批量规模生产，年产量已以千克、吨计。虽然这些人造元素成本高、价格昂贵，现在仅应用在高新技术领域，但其应用领域的扩大和发展前景，肯定是非常乐观和可喜的。冬季穿上一件钚238作热源的防寒服，也许不用等上十几年。

稀土金属，名字似乎有点“土”。其实它们既不“稀”又不“土”，“本事”大得很。稀土金属有17位性情相近的“姊妹”，分别名为镧、铈、镨、钕、钷、钐、铕、钆、铽、镝、钬、铒、铥、镱、镥、钪、钇。其中除去钪、钇两个，统称“镧系金属”。这些名字比较生僻不好认，念起来可以按“秀才不识字，只认右半边”去读，如铈念“市”，钪就念“亢”不会错。她们“姊妹亲情”特强，虽然在自然界都会生成不同的难熔氧化物，但经常“同居”在一起，很难把她们分开认清楚。据说，科学家为了分开镱和镥，把试验溶液“结晶”了15000多次，结果还是“你中有我，我中有你”没有完全分清。由于当初发现的金属氧化物十分难熔、难分，就有人把这些氧化物统称为“难得少见”的“土”，“稀土”也就这么得名，到弄清楚这17姊妹各自“尊容”，已是很久以后的事了。其实我国就丰产稀土金属，储量超过发达国家储量的总和。近年稀土走红，不少国家都在打我国稀土的“主意”。据说，某国发现，我国沿海某市制造的玩具泥娃娃，坯料中含有稀土元素，不惜以市价大量收购，然后运到公海上的本国工作船上，把空心的泥娃娃打碎装箱，作为稀土原料再运回国。还有某跨国公司，以投资名义企图买断某稀土金属矿权。

稀土金属究竟有什么本事？会这么“引无数英雄竞折腰”呢？原来稀土金属确实有许多“非凡”的功能。

铸铁的性能硬而脆，通过专门工艺把铸铁中的碳改变成球状，可以大大降低脆性提高强韧性，这就是“球墨铸铁”。虽然性能有所改善，但也只能用于制造农具和不重要的机件。但是，若在球墨铸铁中加入少量稀土金属，嘿！强韧性顿时大幅度提高，甚至可以替代中碳合金钢，用来制造汽车的凸轮轴、曲轴。

被称为“航空合金”的铝—镁合金，加一点稀土金属，强韧性也大幅度提高，可以替代钛合金来制造喷气式飞机的发动机。

电灯泡中的灯丝，大家都知道是钨丝。可是耐温、高硬的钨，加工性很差，即使高温拉拔钨丝，费工费时还经常断裂，成品率很低。但只要加一点稀土金属铈，发光性能不受影响，而加工工艺性大大改善，拉丝效率明显提高，成品率也大大提高。真是质量、效益双丰收。

在合金不锈钢中加入稀土金属，可提高抗腐蚀性，并可减少贵重的铬、镍含量；在锰合金系列的合金结构钢中加入稀土金属，强韧性可以提高一至两个级别，而且机械加工和热加工的工艺性有明显改善。

稀土金属简直“神”了，有人称它是钢铁的“维生素”、“强壮剂”，认为稀土元素应改名为“神奇元素”。确实，稀土不仅在钢铁世界屡建奇功，在电子、信息、新材料领域也大显神威。电脑的信息存储器元件磁泡，原材料就有钇、铽、铥等稀土金属；高温超导材料中的稀土系列正在研发；激光材料也有稀土系列；石油化工、合成高分子材料工业，有稀土系列催化剂；防辐射、防紫外线、滤光等特种玻璃，就是稀土金属在发挥特殊功能……

我国是稀土大国，相信我国的稀土资源将为富民强国不断作出贡献。

超塑性金属，关键就在“超”。因为大多金属都有一定的展延性、塑性，就是变形而不破坏的特性。而要“超”到什么程度？似乎难以定量。

我们见过拉面表演，拉面高手可以把面团拉成直径仅毫米尺寸的“龙须拉面”。当然，这是面团，没听说金属也能这样“拉面”的。但是，科学家近年发现，有的金属在特定条件下具有“超塑性”，即有巨大而均匀的延伸率。如Ti_6Al_4V合金，在最佳条件下，延伸率可达到1600%！真是难以想象，金属居然也可以“拉面”。经研究发现，具有超塑性的金属材料，竟有200多种，其中铜合金就有近30种。

研究金属具有超塑性的原因，发现这些金属材料都具有细小而等轴的晶粒，形象一点说，它们的细小晶粒像直径小于10微米的多面形球体。超塑性的特定条件，就是要形成这样的超细晶粒。通常，是采取形变热处理、再结晶、粉末冶金等方法来获得这些超细晶粒。

利用金属的超塑性，可以大大简化金属材料的加工工艺，提高加工质量，节约能耗和材料损耗。如可以将薄板直接制成各种形状复杂、要求精确的零件，不再需要后续加工，实现无切削加工。其省工、省料、省时的优质高效优势谁都明白。所以，世界各国都十分重视超塑性金属的研究开发和应用。

大家都很熟悉泡沫塑料，可是对泡沫金属就可能不太熟悉了。

最早出现的泡沫金属，是20世纪60年代末发明的泡沫铝。现在，泡沫钢、泡沫铜、泡沫镍、泡沫镉等等，已形成了泡沫金属家族系列，还有泡沫陶瓷也想“加盟”。

泡沫金属，也称泡沫分散金属、海绵金属。顾名思义，确实也就是海绵状的、多孔泡沫质的金属。泡沫金属兼有“金属”

和“泡沫”的性质，具备金属的光泽和强度、韧性、刚性、耐热性、不燃性、导热性和可加工性；因为有“泡沫”，而具有密度小、吸振、吸音、隔热和吸收冲击等特性。泡沫钢、泡沫铜、泡沫铝等是一种新型的结构材料，已广泛用于建筑、航空、汽车、交通运输、装饰、隔音、隔热、医卫等领域；泡沫镍、泡沫镉等，是新型的功能材料，用于石油、化工、医药、电池、环保等领域。

这种具有金属性能又能在水面飘浮的新型金属材料，将使我们对金属有更新的认识。

第三章 陶瓷新时代

在人类文明史中，以“材料”为代表的不同历史时期，并没有专门的“陶瓷时代”，只是把陶器的出现作为“石器时代”进入“新石器时期”的标志。而瓷器出现时，人类已进入“青铜时代”了。但是，陶器和瓷器的出现，从材料学角度来看，无论是原材料选取还是加工工艺，在当时都具有重要的科技进步意义。世界各国，特别是我们中国，陶瓷业的发展还具有独特的历史文化意义。中国的“唐三彩”和“青花瓷”，已成为古代中国科技和文化的骄傲并享誉全球。瓷器CHINA，更是成为

古代陶瓷器，航天飞机、陶瓷发动机、刀具图片

“华夏中国”文明的“代言形象”，甚至是“化身”。CHINA瓷器，CHINA中国，令人骄傲自豪！

陶瓷虽然有坚硬、耐温、耐腐蚀以及“宁折不弯”等等诸多优点、“美德”，却因其“脆性”而“不堪重用”。通常只能作为日常生活中的碗、碟、杯、盆，厅堂的花瓶、缸罐，以及卫生洗浴洁具等。工业上可用作电气绝缘元件或生物、化工反应器皿，但也属“易碎、易损品”要小心使用。确实难以承担“重任”。

20世纪五六十年代，通过对陶瓷“脆性”的深入研究，人们弄清楚了陶瓷硬脆易碎的原因是“杂质多，组织结构松散”，从选材到加工工艺都作了“革命性”的改进。以碳、硅、氮、氧、硼等元素的人工合成化合物为主要原料，改进并发展了传统陶瓷的工艺制成的新型陶瓷材料，克服了传统陶瓷硬脆易碎的“致命弱点”，成为一种耐高温、耐腐蚀、坚硬不变形、高强有韧性的新型工程结构材料。不仅如此，在新型陶瓷结构材料研发的同时，材料学家又研发了“电工电子功能陶瓷”和“复合陶瓷”两大类新型陶瓷材料，不但使人们对“陶瓷材料”刮目相看，而且在“材料世界”括起了一场席卷工业、农业、国防和“高技术”领域的“新型陶瓷旋风”。难怪有人面对陶瓷刀具、陶瓷锻模、陶瓷发动机、陶瓷履带、陶瓷摩托、陶瓷超导体、陶瓷传感器、生物陶瓷和航天飞机的“陶瓷盔甲”时，会惊呼，天啊！难道我们已经进入了“陶瓷新时代”？

3.1 陶和瓷

通常，我们都会把陶、瓷连起来说成“陶瓷”，泛指陶器和瓷器。认真一点来分辨，陶器和瓷器是有区别的。

陶器，是指以“黏土”为胎材，经过手捏、轮制、模塑等方法加工成型后，在800℃~1000℃高温下焙烧而成的物品。坯体不透明，有微孔，具有吸水性，叩击音浊而不清。陶器又可分类为细陶、粗陶；白色陶、有色陶或无釉陶、有釉陶。还有灰陶、红陶、白陶、彩陶和黑陶等不同品种。陶器的造型、釉色、表现内容多种多样，人物、动物、亭楼、庭院以及家常生活，可称“包罗万象”，具有浓郁的生活气息和独特的艺术风格。陶器的发明，是人类文明的重要进程，是人类第一次按照自己的意志，利用天然物料“创造”了一种新的物器。我国早在商代，就已出现“釉陶”和初具瓷器性质的“硬釉陶”。从河北省阳原县泥河湾地区发现的，旧石器时代晚期的陶片来看，中国陶器的产生，已有11700多年的悠久历史。陶器的出现，标志着新石器时代的开端，大大改善了人类的生活条件，又表达了很高的审美情趣，在人类发展史上开辟了文明的新纪元。

要进一步探究，陶器究竟是谁，又是怎么发明的？至今还没有可靠的资料可以说明白，不过有趣的传说还真不少。我国就有从匏析成瓢一词，推演出“伏羲氏时代开创陶器先河”之说。意思是，以葫芦等匏析成瓢作为胎模，外面涂泥，泥干后

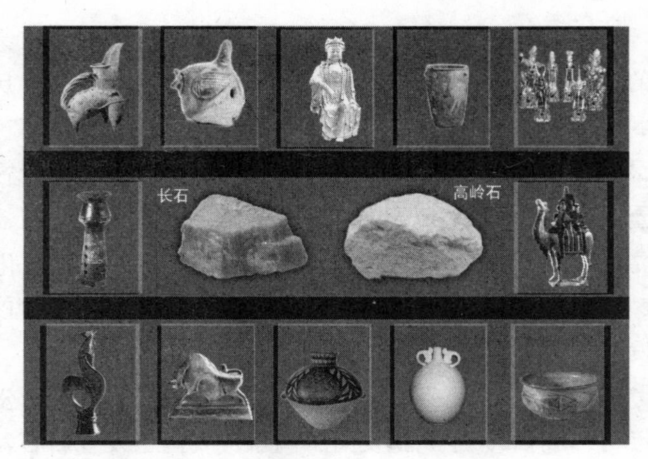

长石、高岭石及陶瓷器组合图

脱去胎模而成为陶胚，然后烧制成陶器。而“匏析氏”就是“伏羲氏”，由此推断陶器出现在“伏羲氏时代”后期。虽然此说还有待考证，但所述“坯胎涂泥、脱胎烧制”等，符合客观实际，也符合技术发展的逻辑。

考古发现证实，古代北方住房，是用立木为支架涂泥成墙而成；秦安大地湾遗址，更是将这种办法用于大厅内独立大柱的防火上。其次，在伏羲氏时代后期，随着人们用火知识和技术的提高，出现了烧煮食物的要求，为了防止易燃的葫芦瓢被火烧毁，会在瓢外涂泥，而在瓢中加水烧煮食物。如果，意外瓢中水烧干，就可能把瓢外的防火泥烧结成陶器，陶器就这样出现了。国外的传说也都类似，只是时代、人物、地点不同。不约而同的是，都是“将黏土涂于可以燃烧的容器上以防火”而延伸出了制陶术。也许，这正说明了陶器的发明并不是某一个地区或某一个部落古代先民的专利品，它是人类在长期的生活实践中，任何一个古代农业部落和人群，都能各自独立创造出来的。

陶器，乃至陶器的碎片，一直是考古工作者和历史文化研究者的“最爱”。在历史遗迹中，大部分的物品都随悠悠历史而消失，只剩下一些“耐久”的石头、贝壳、残骨和陶瓷碎片，其中最有价值的就是陶瓷碎片，对于断代及历史文化考古意义极为重大。考古学家和历史文化研究者，就是从这些陶器碎片中理清出“玛雅文化”的文化脉络，构建了“玛雅文化”的“年表”；弄清了中美洲古典主义彩色陶器的来龙去脉，以及哥伦布发现美洲新大陆前后的工业水平和社会特征……

考古发现已经证明，中国人早在新石器时代（约公元前8000年~公元前2000年）就发明了陶器。我国已发现新石器时代早期的残陶片，距今约10000年。河北徐水县南庄头遗址发现的陶器碎片，经鉴定为公元前10800年~公元前9700年的遗物。此外，在江西万年县、广西桂林甑皮岩、广东英德县青塘等地也发现了距今7000~10000年的陶器碎片。磁山—裴李岗文化，早于仰韶文化，是黄河中游地区新石器时代的代表，距今7900年以上。该文化的陶器主要有鼎、罐、盘、豆、三足壶、三足钵、双耳壶等，器物以“素面无文”者居多，部分夹砂陶器饰有花纹。1973年首次发掘于浙江余姚河姆渡的“河姆渡文化”距今7000年左右，在该文化遗址也出土了大量的陶器。河姆渡文化的陶器为黑陶，造型简单，早期盛行刻画花纹。在河南渑池县仰韶村的新石器时代遗址，以及陕西西安市郊的半坡遗址，都发现了大量做工精美，设计精巧的彩陶。这两个新石器时代遗址都属于母系社会遗址，有6000年以上的历史。

随着社会进步，陶器的质量也逐步提高。到了商代和周代，已经出现了专门从事陶器生产的工种。在战国时期，陶器上已经出现了各种优雅的纹饰和花鸟。这时的陶器也开始应用铅釉，使得陶器的表面更为光滑，也有了一定的色泽。到了西汉时期，上釉陶器工艺开始广泛流传起来。多种色彩的釉料也在汉代开始出现。有一种盛行于唐代的陶器，以黄、褐、绿为基本釉色，后来人们习惯地把这类陶器称为“唐三彩”。唐三彩是一种低温釉陶器，在色釉中加入不同的金属氧化物，经过焙烧，便形成浅黄、赭黄、浅绿、深绿、天蓝、褐红、茄紫等多种色彩，但多以“黄、褐、绿”三色为主。唐三彩的出现，标志着陶器的种类和色彩已经开始“丰富多彩”。

中国陶器至今长盛不衰，宜兴的紫砂壶、石湾的陶塑、界首的三彩釉陶、淄博的绛色陶、铜官的绿釉陶、崇宁的雕镂釉陶、景德镇的柳叶瓶、凤尾瓶等等，都是名扬全球的中国陶器。

瓷器，我们在前面已有专门的介绍，这里不再重复，而从另外的角度再说一说。

瓷器源出于陶器，它的发明是中国古代先民在烧制白陶器和印纹硬陶器的经验中，逐步探索出来的。烧制瓷器必须同时具备三个条件：一是制瓷原料必须是富含石英和绢云母等矿物质的瓷石、瓷土或高岭土；二是烧成温度须在1200℃以上；三是在器表施有高温下烧成的釉面。

上述条件中的石英，主要成分是二氧化硅（SiO_2）；绢云母，是一种层状结构的天然细粒白云母，主要成分为二氧化硅(SiO_2)、三氧化二铝（Al_2O_3）、氧化钾（K_2O）、氧化钠（Na_2O）和水(H_2O)。“富含石英和绢云母”的瓷石、瓷土或高岭土，一般还含有铁、钛的氧化物及其他杂质。关于高岭土，有必要多说几句。

高岭土是古代制造瓷器的首选优质材料，其名字也就是因为景德镇附近盛产瓷土的“高岭村”而得。原意是“高岭村的瓷土”。据记载，是18世纪一位名叫皮雷·德希雷柯的法国神父，在他的《中国瓷器的制造》一书中，最先命名“高岭村的瓷土”为“高岭土”，英文名“Kaolin”也就成了如今国际通用的专业名词了。起初，高岭土就是用作瓷器原料，但因它洁白、细腻、柔软的质地，良好的塑性和黏性，耐火又抗酸，而且电绝缘性也很好，在造纸、医药、化工、橡胶和涂料等领域也大受欢迎，很快就成为重要的非金属材料。现在，高岭土已与云母、石英和碳酸钙一起被誉称世界“四大非金属矿产资源”。目前，高岭土已成为造纸、陶瓷、橡胶、化工、涂料、医药和国防等几十个行业所必需的矿物原料。有报道称，日本已有“将高岭土代替钢铁”制造切削刀具、车床钻头和内燃机外壳等方面的应用。特别是最近几年，现代科学技术飞速发展，使得高岭土的应用领域更加广泛，一些高新技术领域开始大量运用高岭土作为新材料，甚至原子反应堆、航天飞机和宇宙飞船的耐高温陶瓷件，如“喷嘴”、“燃气涡轮机叶片”等也是用“高岭土”烧制而成。

目前，全球高岭土总产量约为4000万吨，其中精制土约为2350万吨。造纸工业是精制高岭土最大的消费部门，约占高岭土总消费量的60%。据统计数据表明，2000年全球纸和纸板总产量约为31900万吨，而全球造纸涂料高岭土总用量约为1360万吨。

高岭土的化学成分中含有大量的三氧化二铝 (Al_2O_3)、二氧化硅 (SiO_2) 和少量的三氧化二铁 (Fe_2O_3)、二氧化钛 (TiO_2) 以及微量的氧化钾 (K_2O)、氧化钠 (Na_2O)、氧化钙 (CaO) 和氧化镁 (MgO) 等。在自然界，高岭土是高岭石经“风化或沉积”等作用的产物，而高岭石，又是长石和其他硅酸盐矿物“天然蚀变”的产物。所以有人开玩笑说，高岭土的“老爸”是高岭石，“爷爷”是长石。

长石，是地球地壳中最常见的一种含钙、钠和钾的铝硅酸盐类矿物，甚至在月球和陨石中也可见到长石。长石有很多种，如钠长石、钙长石、钡长石、钡冰长石、微斜长石、正长石、透长石等。它们都具有“玻璃光泽”，颜色多种多样。之所以称为长石，是因为在长石矿中的柱状矿石长达十几厘米的并不少见，而在伟晶岩矿中，有的竟有十几米甚至几十米长，因而得长石之名。长石有无色的，有白色、黄色、粉红色、绿色、灰色、黑色等等有些透明，有些半透明。在地表以下15000米深度范围内，各种长石占地壳的总重量高达60%。长石在地壳的火成岩、变质岩、沉积岩中都存在，特别是火成岩，长石几乎是所有火成岩的主要矿物成分。长石这“高岭土爷爷”在地球上这么多，高岭石、高岭土矿也就在全球各处都有分布。有品质好、适于制造瓷器的高岭石、高岭土矿，加上要邻近经济文化发达地区，便于开发、应用，这样的地区才能成为“著名矿产地”。我国的高岭石、高岭土著名矿产地有江西景德镇、江苏苏州、河北唐山、湖南醴陵、山东淄博等。外国的著名矿产地有英国的康沃尔和德文郡、法国的伊里埃、美国的佐治亚等。这些高岭石、高岭土的著名矿产地，无一例外都是名陶、名瓷的产地。而长石矿产，除了供作陶瓷原料外，还为钾肥、玻璃、搪瓷、磨粒磨具等产业提供原料。

瓷器的原料已说了很多，现在说说瓷器制造，说说号称“世界瓷都”的景德镇。

中国古代造瓷，在釉色方面，素有“以青为贵”崇尚青色的传统。历代所追求的色调，无非是或浓或淡、意境大同小异的青色瓷，而且，重色釉但不曾有过彩绘。北宋时期，景德镇窑仿效“青白玉”的色调和湿润的质感，创造性地烧制出一种“土白壤而埴、质薄腻、色滋润”的“青白瓷”，使青瓷艺术达到了新的高峰。这种青白瓷大多在坯体上刻暗花纹，薄剔而成为“透明飞凤”等花纹，内外均可映见，釉亦隐现青色，故又称“影青瓷”。当时，这种影青瓷风行海内外，景德镇瓷器名声大振，从而使景德镇窑在南北各大窑激烈竞争之际，脱颖而出。宋真宗将青白瓷定为贡品，并以其“景德”年号（公元1004年~1007年）命名此地，使天下皆知有“景德镇”。因此可以说，青白瓷是景德镇成为世界瓷都的起点，在中国乃至世界制瓷史上具有重要意义。

景德镇瓷业发展到元代，工艺上出现了划时代的变革。在短短的一个世纪里，继宋代创青白瓷之后，又创烧成功具有高铝氧成分的白瓷、青花瓷、釉里红、青花釉里红等新品种，结束了我国瓷器以单色釉为主的局面，把瓷器装饰推进到釉下彩的新时代，形成了鲜明的中国瓷器之特色，从而把景德镇瓷业推向了领先的地位。

明代是景德镇的鼎盛阶段的开始，陶瓷艺术集历代瓷艺之精华，取得了更高的发展。凡前代已有的品种，此时应有尽有；大量新工艺和新的装饰手法，也先后涌现。如“清新优雅、气韵生动”足与水墨画媲美的永乐、宣德青花；鲜红莹亮，“色若朝霞、灿如霁日”的宣德霁红；釉下、釉上，互相掩映，柔和精巧的成化斗彩；“薄如纸、莹如玉、吹之欲飞”的永乐薄胎甜白；金碧辉煌，雍容华贵的嘉靖、万历五彩；还有黄、绿、紫相间成趣的素三彩，色如翡翠的孔雀绿，深沉幽净的霁青，娇艳柔美的浅黄，呈色稳定的矾红等等，都创始于明代，可谓万紫千红、百花齐放。

明洪武二年，朝廷在景德镇设“御窑厂”。其时，镇内官窑有58座，民窑达数百座，“昼间白烟掩盖天空，夜则红焰烧天”，足见当时生产规模之宏大。在全国十余省开设的四十多处瓷窑场中，除浙江龙泉窑仍以青瓷为著，其他窑场多因技艺停滞而萧条，或因战祸困扰而沉没，唯有景德镇为“天下窑器所聚”，抑人之短、扬己之长，形成全国的瓷业中心。

鸦片战争以后，中国沦为半封建半殖民地社会，中国的民族工业受到了严重摧残，千载名窑也停滞而趋向衰落。陶瓷生产水平继续下滑，制造工艺上“因循守旧”，生产规模也日趋萎缩。但是，景德镇毕竟有着悠久的制瓷传统，身怀绝技的瓷工，在极其艰难困苦的情况下，坚持以人、以家、以作坊发展以手工技艺为特色的仿古瓷、美术瓷生产，顽强地与外国机制日用瓷相抗争，于衰落中显示了“瓷都”也是“陶瓷之国”的民众对陶瓷的深情和不屈精神，艰难地保持了中国瓷器在国际上的美誉。

现代的景德镇，制瓷工艺上继承了传统的技法又大胆创新，同时兼收并蓄地吸收和借鉴了国内外的技艺精华和先进设施，使景德镇瓷器在质量、品种和艺术上达到了一个又一个的新高度。如今，“景德镇青花玲珑瓷”、“景德镇青花瓷”、“粉彩瓷”、“颜色釉瓷”、“薄胎瓷”、“雕塑瓷”等景德镇名瓷系列，竞妍斗艳、熠熠生辉，世界瓷都不断用精美的瓷器让全国、全世界惊喜。

可以说，景德镇的瓷器发展历史，就是一部缩影的中国陶瓷史，就是一部形象的中国民族文化史，一部生动的中国历史。

说完景德镇美不胜收的瓷器，再说个“神秘瓷器”的故事。

唐代著名诗人陆龟蒙，曾作诗《秘色越器》，有诗句“九秋风露越窑开，夺得千峰翠色来”广为流传。诗句雅丽含情，诗题也很简洁，似乎没有什么费解之处。世人都在赏读之后认为，诗是描述一种颜色青绿的茶具。诗题中的“越器”，呼应诗句中的“越窑”，无疑点明茶具是越窑瓷器。而“秘色”与“千峰翠色”相扣，应是不同于“传统青瓷”的新“时色”青绿色。否则，那“秘”字不好交代。

但是，文化考古和瓷业学者，总是比世人会多想一点也多做一点。20世纪二三十年代，就有这么一些学者、行家，他们想，既是越窑瓷器，就应在越窑遗迹可以找到这种不同于青瓷的秘色瓷的蛛丝马迹。好在越窑有案可查，史籍记载，就在浙江。再调研一番，进一步确定是在浙江余姚、上虞、慈溪一带的“上林湖”，学者、行家都认定这就是越窑窑址。于是，仁人志士在上林湖越窑遗址，开始了对秘色瓷的寻踪觅迹。

可是，年复一年的寻寻觅觅，破瓷碎片找出不少，可是都属寻常青、白瓷残碎片料，竟无丁点秘色瓷的踪迹。有学者自省，认为秘色是诗人的文学比兴，就是指青瓷的青色，只是借“湖光山色”之“秘”来描绘形容而已。秘色可在诗句的“千峰”中去品味，而在现实的越窑去寻觅，实在有点离谱了。也有行家另作新解，认为诗人所说的秘色，是皇室专用精品青瓷之青色，由于是御用精品，坯料、烧制、着色均有专文秘传，所制皇室精品青瓷可称秘瓷、秘色。所以秘色也就是皇室精品的青色，只是在越窑残碎青瓷片中，混杂一起难以分辨而已，并没有什么青绿新时色。这两种说法出发点不同，但结论有一致之处，就是没有什么青绿色的秘色。也有人坚信确有青绿秘色，但苦于没有证据，也只有自己想想或自言自语背诵诗句，大声说话都没底气。秘色瓷成了悬疑之谜。

谁也没想到，五十多年后的一场地震，震出个惊天大发现。1981年，陕西发生了一次不大不小的地震，著名的法门寺中供奉“佛祖释迦牟尼真身舍利”的宝塔被震塌了半边。剩下的半边塔摇摇欲坠，如何修复成了难题。如此这般拖了五六年，1987年终于决定重修这建于唐代的法门寺古塔。1987年4月3日在清理塔基时，意外发现塔基下有石函封闭的“唐代地宫”，考古学者在地宫中竟发现了秘色瓷。共有“瓷秘色碗七口，内二口银棱；瓷秘色盘子、碟子共六枚。”

这一下，秘色瓷再也不是什么“诗情画意”了，而是实实在在的盘子、碟子摆在你面前，告诉你，这如“湖光山色”的“色”，就是“秘色”。虽然尘封千年，这莲瓣圆口的瓷盘、瓷碗，玲珑剔透；湖水般的瓷釉，如冰似玉、泛青映绿，莹润如新。悬谜、传说，如今成了眼前的现实，学者、行家和万千世人都想问：这是真的秘色瓷吗？是越窑瓷吗？

经科研人员用现代技术检测，终于揭开了秘色瓷的神秘面纱。检测结果告诉我们：秘色瓷确是越窑瓷，其青中泛湖绿的釉色，是不同于青瓷的一种“新色”，也可以说是出于青瓷而胜于青瓷的罕见新瓷。实验数据说明，从精良的胎料、特殊的釉料到入窑前的专门处理，都是“有心”之作。虽然窑温及烧制过程的讲究，没有直接可靠的数据，但从“润泽如玉、盈透似水”的瓷器来看，必是精心有意之作。诗人的诗句实是传情、传神又精准传实之作，秘色就是“千峰翠”，就是“湖光山色”。秘色瓷的秘密是解开了，甚至可以定性定量地仿古复制这越窑的瓷中珍秘。但是，为什么在浙江越窑找不到，而在陕西法门寺来给人们一个惊喜？这也许，又要引起另一个传奇故事了。

3.2 从厨房走上战场

新型陶瓷材料，又称“工程陶瓷”、“精密陶瓷”或“特种陶瓷”，是20世纪五六十年代陆续发明的新材料。由于在原材料中以大量碳、硅、硼、氮等元素的人工合成物质来代替传统陶瓷的天然原料，有效地控制了化学组成和杂质的去除，又把传统工艺作了更为科学、严格的改进，所以研发制造出的新型陶瓷材料，克服了传统陶瓷硬脆易碎的致命弱点，又大幅度提高了强韧性。陶瓷从此从厨房、客厅、卫生间走向了工业、交通、医药、化工、航空航天和军事国防的“第一线”，成为受到热烈欢迎和普遍重视的重要新材料。

新型陶瓷材料，按应用和发展，大致可分为高强高温结构陶瓷、电工电子功能陶瓷和复合陶瓷三大类。

高强高温结构陶瓷，强度高，特别是高温性能好，是优异的高温结构材料。

如氧化铝陶瓷，其强度比普通陶瓷高五六倍，其中的“95瓷”，在空气中的最高工作温度高达1980℃，在1600℃以下可以长期工作。用于制造坩埚、内燃机火花塞、拉丝模、高速纺机导纱环、农用水泵阀环等重要元件。

氮化硅陶瓷硬度高、摩擦系数小又有“自润滑性”，耐磨性好、电绝缘性好、热膨胀系数小、高温性能好；还有良好的化学稳定性，能抵抗除氢氟酸外的任何酸、碱的腐蚀，连“王水”也不怕；还能耐受熔融的金、银、铜、铅、锡、锌、铝等非铁金属熔液的侵蚀。虽然最高工作温度不如氧化铝陶瓷，但工作温度高至1200℃时，强度稳定而几乎不会下降。氮化硅陶瓷主要用作高温轴承、燃气轮机叶片、泵和阀的密封环、高速切削刀具等重要耐温耐磨工件。

碳化硅陶瓷，高温下强度仍很高，在1400℃时，抗弯强度仍高达500~600MPa；具有高热导率和良好的热稳定性，耐磨性和耐蚀性也很好。碳化硅是一种优良的高温陶瓷结构材料，主要用于制造火箭尾喷嘴、金属熔液浇注“喉嘴”、测温热电偶套管、燃气轮机叶片、炉板、炉管等会在高温环境工作的重要工件。

氧化锆陶瓷，常温下绝缘不导电，而在1000℃以上时成为良导体。氧化锆用作制造熔炼铂、铑等高熔点金属的坩埚和1800℃高温的发热元件，最高工作温度可达2400℃，令其他金属材料乃至硬质合金都“望尘莫及”。

电工电子功能陶瓷，是具有特殊的声、光、电、磁、热和能量“转换”、“放大”等物理、化学效应的陶瓷功能材料。是功能材料领域引人注目的新型材料。

氮化硼陶瓷，有“白石墨”之称，烧结成型后硬度不高，可以很容易地进行各种切削加工，有优异的高温绝缘性、耐热性和导热性，不仅可制作高温耐磨工件和高温高频绝缘工件，其特殊的“硼扩散”性能又成为优良的半导体材料。

氧化铍陶瓷，导热性好，比强度高，用于制造大规模集成电路芯片和大功率气体激光管的散热片。

硅化钼陶瓷，强度高，导电性不亚于铝、铜等金属，而且在1.3K以下温度时有超导性……这类以金属氧化物为主要原料的特种陶瓷，还有气敏、热敏、光敏、压敏、电敏、磁敏及半导体、超导等传感、换能、放大的特殊功能，是特种陶瓷中的佼佼者，已成为能源、计算机技术、空间技术、信息技术等高技术领域的重要功能材料。

复合陶瓷材料，是近年发展很快的新材料，主要有纤维增强陶瓷和金属陶瓷两大类。

由于纤维增强效应和金属粒子弥散强化效应，复合陶瓷不仅强度、韧性和加工工艺性都有大幅度提高，还会具有一些“特异性能”。如含钴粉的金属陶瓷，钴在高温时吸热而“蒸发”，基体的热量被带走而“体温”下降，材料的强度就能保持稳定。所以，火箭的喷口和壳体就使用这种能“奋不顾身”吸热降温的钴金属陶瓷来制造。航空、航天和火箭技术，还使用性能优异的碳纤维复合陶瓷和硼纤维复合陶瓷等复合陶瓷材料。

3.3 生物陶瓷和“多情”陶瓷

在新型陶瓷功能材料中，生物陶瓷因它与人的“直接关系”而格外受到关注。

通常，我们把用于修复或替换人体器官或组织，参与人体“骨骼—肌肉”系统的一些陶瓷材料，称为“生物陶瓷”。请注意生物陶瓷的“修复”、“替换”和“参与”功能。假如只是像假肢、义齿或心脏起搏器、心血管“支架”那样起“辅助”功能的材料，虽然一定要考虑与人体器官、系统的“相容性”，不

以生物陶瓷组成“图案形”背景，前置坦克、轿车及传感器图片

能有排斥、干扰作用，但总是“异物”，其修复、替换和参与功能是有条件和有限的。而生物陶瓷则有很好的“生物亲和性”，能最大限度地发挥修复、替换和参与功能。

关于生物陶瓷，我们先从“柳枝接骨”的传说谈起。

我国古代就有扁鹊、华佗“柳枝接骨”的神奇医术传说，并有民间流传的傅青主《金针度世》记载“柳枝接骨”传世。

《金针度世》中这样介绍“柳枝接骨”：把剥去皮的柳枝整成骨形，中间打通成骨腔状，然后把柳枝放在残骨中间，代替破损、切除的骨头，在安放时，柳枝的两端和残骨的两个断口都要涂上热的生鸡血，在接合部位上敷上“接血膏”，再把撒有生肌“石青散”的肌肉缝好，夹上木板固定骨位，便静养待骨伤渐愈。植入骨中的柳枝，会渐渐被骨化，连接骨骼。

另一版本的《金针度世》这样介绍：取与骨骼相等的新鲜柳枝数根备用，甘草水洗净患肢及伤口，然后用镊子取出断骨、碎骨，再用甘草水洗净内部，并用葵花杆芯做成断骨模型。将新鲜柳枝去其粗皮，保其黏液，根据模型切削成断骨，甘草水洗。在其两端浸透雄鸡冠血，嵌入肱骨之中。用线缝合皮肤。掺上“京华接骨丹”，四周许外敷“京华接骨丹软膏”。全上肢用寸半宽细布带包扎2层，放上杉木夹板，再缠以布带固定，隔日用甘草水洗净缝合口换药，六日一换敷伤口周围的软膏。一月后缝合口伤口完好，六月后接骨成功，并恢复功能。

作者傅青主，生平不详，据说华佗曾评介过《金针度世》，想必是华佗的“前辈”。可是这位傅青主，除了在诸多武侠小说中以“神医”、“武林隐士”、“大师、高手”身份频频“出场”外，在古籍文献中再也找不到其他踪影。而关于“柳枝接骨”的记载，各种版本的内容虽大同小异，而文字功力却“高低不一”，很可能杂有民间“传主”的润色增删。关键是，尽管“柳枝接骨”的传说源远流长、纷纷扬扬，现在在网络上还可见到“祖传柳枝接骨”的广告，但“临床”实证恰一个也没有。是“柳枝接骨”医术失传？还是仅仅是个“传说”而已？但是，从材料学来看，传说中选取“生命力强”的柳枝，以及“打通成骨腔状”、“骨化”的内容，对现代生物材料的研发，是很有启示的。

生物材料，是指专门用于人体或动物的特殊材料。其中有天然和合成的高分子化合物等有机材料；也有生物陶瓷、金属等无机材料。用这类材料制成的“体外辅助装置”或植入体内的“人工器官”，可以控制、补偿或替代损伤的活体组织功能。生物材料按功能分类，有神经系统用材；心血管系统用材；骨骼系统修复用材；口腔用材；软组织用材等5类。生物材料必须具有对生物活体组织的“相容性”，即活体组织不能因接触生物材料而产生炎症或其他病变；材料也不会因活体组织作用而被侵蚀、降解。目前常用的生物材料主要有：1.不锈钢、钛合金等金属生物材料；2.生物玻璃类材料；3.合成高分子材料，如硅橡胶、有机玻璃、聚三氟氯乙烯等；4.复合材料类，如聚砜—碳纤维复合材料、生物玻璃—金属纤维复合材料等；5.动物活体材料，如牛心包、猪主动脉瓣等。

除了大脑和脊髓之外，生物材料按其物理、机械性能，都可制成活体组织的代用品，以救助损伤的活体组织。但是，目前的生物材料还只能制成“代用品”用以救助，新的生物材料正向“智能化”、“融入化”、“活性化”发展，从救助向救治、恢复或构建新的健康活体组织而努力。

现代医学，对于骨骼损伤，即使用不锈钢、钛合金接骨，但都难以断骨再生。而生物陶瓷就可以实现断骨再生，还可以用于制造人体“骨骼—肌肉”系统，用以修复或替换人体器官或组织。目前骨折康复应用的不锈钢、钛合金材料，已逐渐被性能更好、人体亲和力更好的生物陶瓷所替代。装上“生物陶瓷骨骼”，不仅不必担心会脆碎断裂，而且由于生物陶瓷可参与生理代谢循环，以后逐渐会骨化与人“融为一体”。

近年，一种新型“人工纳米骨材料”——纳米晶胶原基骨材料，为“断骨再生”开创了新局面。我国清华大学研发的NB京列纳米晶胶原基骨材料，可以植入人体骨损伤部位，具有和天然骨类似的多孔结构，不仅不会产生排异反应，还具有与骨生长匹配的降解速率。也就是说，随着骨损伤部位骨质的修复生长，植入物逐渐骨化而消失，做到了断骨再生。目前，人工纳米骨材料已完成了兔子和狗身上的长骨，颅骨、颌骨和脊椎骨的大量修复实验，证明了材料的安全有效性。不久的将来，将可以用人工纳米骨材料进行人的真正断骨再生了。

目前世界各国相继发展的生物陶瓷材料，不仅具有不锈钢、塑料所具有的特性，而且具有亲水性，能与细胞等生物组织表现出良好的亲和性。因此生物陶瓷具有广阔的发展前景。生物陶瓷除用于测量、诊断、治疗外，主要是用作生物硬组织的代用材料。可用于骨科、整形外科、牙科、口腔外科、心血管外科、眼外科、耳鼻喉科及普通外科等方面。

生物陶瓷中使用较多的是生物活性陶瓷材料。生物活性陶瓷，包括表面生物活性陶瓷和生物吸收性陶瓷，又叫生物降解陶瓷。生物表面活性陶瓷通常含有羟基，还可做成多孔性，生物组织可长入并同其表面发生牢固的键合；生物吸收性陶瓷的特点是能部分吸收或者全部吸收，在生物体内能诱发新生骨的生长。生物活性陶瓷有生物玻璃陶瓷（磷酸钙系）、羟基磷灰石陶瓷、磷酸三钙陶瓷等几种。

生物玻璃陶瓷也称“微晶玻璃”或“微晶陶瓷”，一般具有机械强度高，热性能好，耐酸、碱性强等特点。国内有SiO_2—Na_2O—CaO—P_2O_5系列；Li_2O—Al_2O_3—SiO_2系列；SiO_2—Al_2O_3—MgO—TiO_2—CaF系列等玻璃陶瓷，都具有良好的生物相容性，没有异物反应。此外，生物硬组织的代用材料还有碳质材料、二氧化钛陶瓷、二氧化锆陶瓷材料等多种。

羟基磷灰石生物陶瓷，因为它的合成物结构与生物骨组织相似，与生物体硬组织的性能也相近，对生物无毒，无刺激，生物相容性好，能诱发新的生物生长。目前，国内外已将羟基磷灰石用于牙槽、骨缺损、脑外科手术的修补、填充等，用于制造耳听骨链和整形整容的材料。此外，它还可以制成人工骨核治疗骨结核。

还有，用作生物医学材料的压电陶瓷材料，包括压电单晶、压电多晶体及其与聚合物复合的压电材料。如$LiNbO_3$单晶（铌酸锂）、PZT（锆钛酸铝）和$BaTiO_3$（钛酸钡）压电陶瓷等，主要用于制作人体信息探测的压电传感器，如用钛酸钡压电陶瓷制作的心内导管压电微压器以及复合压电材料制作的脉压传感器等。

说陶瓷“多情”，是拿各种陶瓷传感器开玩笑。

传感器，是自动控制系统的信息感受和转换的装置，相当于人的眼、耳、鼻、舌和皮肤等感觉器官。根据国家标准“GB7665—87”，对传感器下的定义是：“能感受规定的被测量，并按照一定的规律转换成可用信号的器件或装置，通常由敏感元件和转换元件组成”。传感器是一种检测装置，能感受到被测量的信息，并能将检测感受到的信息，按一定规律变换成为电信号或其他所需形式的信息输出，以满足信息的传输、处理、存储、显示、记录和控制等要求。它是实现自动检测和自动控制的首要环节。

传感器非常敏感，可以灵敏地感受、检测指令信息、外界的各种变化信息和被控对象的状态信息。这些信息，可以是力、声、光、热、电、磁以及红外、射线等物理信息，也可以是烟雾、煤气、芳香、腐臭、有害有毒气息以及酒、茶、烟等化学信息。而传感器的转换功能，通常是把各种信息转换成电信号。如压电传感器，就能把压力转换成电量；光敏传感器，就是光电转换。但是近年研发的生物传感器或称生化传感器，不仅是探测感受简单的物理、化学信息，还要进行有针对性的生化信息检测。由于生物传感器更为复杂和专业，通常就称为“生物芯片”了。

目前，按照传感器的制造工艺，可以分为：集成传感器、薄膜传感器、厚膜传感器和陶瓷传感器四大类。陶瓷传感器采用标准的陶瓷工艺或其某种变种工艺 (溶胶—凝胶等) 生产。而厚膜传感器，是利用相应材料的浆料，涂覆在陶瓷基片上制成的，也可以认为厚膜传感器是陶瓷传感器的一种变型。而在硅片基上制成的集成传感器，也算得上是陶瓷传感器的“近亲”。

陶瓷传感器，大多是检测物理、化学信息的传感器。说它“多情”，就是指它能敏感感受诸多信息。有压敏、湿敏、磁敏、气敏、热敏陶瓷传感器，还有振动、位置、速度、放射性、真空度、液面以及生物陶瓷传感器。林林总总，可称应有尽有，其应用实例确实不胜枚举，就介绍一下在汽车中的五大应用。

车用传感器，作为汽车电子控制系统的信息源，是汽车电子控制系统的关键部件，也是汽车电子技术领域研究的核心内容之一。汽车电子化和自动化程度越高，对传感器的依赖性就越大。因此国内外都将车用传感器技术列为重点发展的高新技术。目前，电子零部件在平均每辆高档车零部件成本中占有30%的比例，汽车传感器多达上百至数百只。以往，安装在豪华、高档车或专用车辆上的先进传感器，现在已纷纷落户在中、低档车上，陶瓷传感器就是其中主要的产品。车用陶瓷传感器的工作过程，主要是作用在陶瓷基片和测量膜片上的差压，引起电容极板间电容值的变化，并由位于陶瓷基片上的电极进行检测。

陶瓷传感器在汽车中的五大应用是：1.检测汽车温度。一辆汽车检测温度一般需用10余只陶瓷温度传感器。例如发动机电喷系统需要热敏传感器连续精确地测量冷却水、进气、排气的温度，以便根据温度变化修正或补偿燃油喷射量，改变怠速转速控制目标值等。2.监测汽车尾气。利用气敏陶瓷材料监测汽车尾气的氧传感器，可通过测定尾气排放中的氧浓度来检测发动机空燃比，除可节省燃油外，还能减少有害气体CO、NO_2等的排放量。3.监测汽缸工作状态。基于压电效应的压电爆震陶瓷传感器，可以监测汽缸的工作状态。4.指导汽车安全驾驶。作汽车倒车防撞报警装置的超声波传感器，也称超声波倒车雷达或倒车声纳系统，特别适用于载重货车、矿山汽车、加长型装载汽车等大型车辆。用于汽车安全气囊系统的陶瓷加速度传感器，用于检测汽车瞬间的低速或高速碰撞强度，确保碰撞强度大时，安全气囊准确及时开启，提高汽车安全性能。5.检测汽车湿度。湿度传感器的湿敏陶瓷测湿范围宽、响应时间较快，适用于车窗玻璃防霜、结露和发动机化油器进气部分空气湿度的检测。

车用陶瓷传感器已有四十多年的历史，在欧美国家，陶瓷传感器有全面替代其他类型传感器的趋势，在中国也有越来越多的用户使用陶瓷传感器。总之，随着电子技术的发展和汽车电子控制系统的日益广泛应用，汽车传感器市场需求将保持高速增长，高稳定性、高精度、长寿命、无线化、集成化和网络化的陶瓷传感器，必将逐步取代传统的传感器，成为车用传感器的主流。

汽车工业是工业和科技水平的集中体现，陶瓷传感器在汽车上的应用，也是这种水平的一种体现。通过汽车，我们对陶瓷传感器的认识也就更为深刻了。

3.4 无机世界的“主角”

碳是众多元素中耀眼炫目的“大牌明星”，有“生命之材”的美誉，又称有机世界之主角。在900万有机物中当主角确实了不得，而在十多万种无机物中当主角的硅，恰也不能小视。

硅（Si），是地球地壳中仅次于氧元素的“老二”，含量占地壳总重量的26%。硅在自然界主要以二氧化硅（SiO_2）的形式存在，这地球上的“冠亚军组合”占地壳总重量的87%。俗话“开门见山”，实是“开门见硅”，谁也不可能视而不见。地壳组成

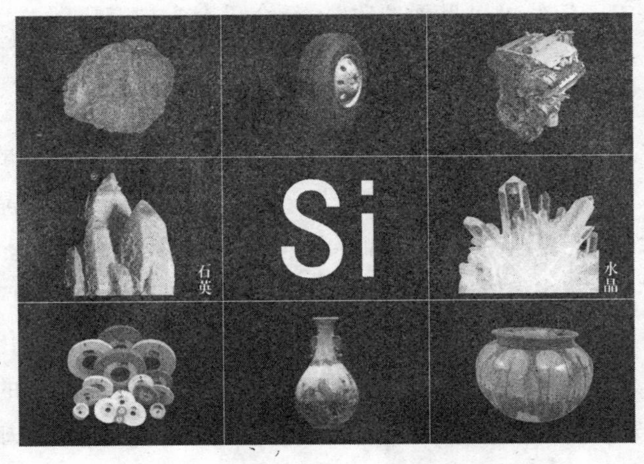

“Si”水晶、石英、瓷器、陶器、发动机、汽车轮胎、砂轮

中的重要岩石，长石、辉石、角闪石和云母等，主要成分都是二氧化硅或其他硅化合物；沙子的主要成分，也是二氧化硅，石英、水晶就是"纯净"的二氧化硅。水晶因其"玲珑剔透"硬而透明，一直备受宠爱。由于水晶的折光率大，很好的紫外线的透过性，在物理光学研究上也备受重视。水晶眼镜是"民用"的传世珍品；而水晶中杂有某些金属化合物等杂质形成的"紫水晶"、"烟水晶"更被视为稀世之珍。虽然硅是无机物"主角"，但在有机生物体中也可见到它的踪影。含硅的植物并不少见，竹子和马尾草中的含硅量还不低；鸟的羽毛和动物的毛发中，都有硅；人这"高级动物"，体内的硅含量约为体重的万分之一。60千克重的人，体内有6克硅。

硅虽然在地球上"无处不在"，但人们很长时期只认得沙子、石英、水晶这些"二氧化硅"们，以为这种难熔又无法分解的东西就是"单质"物质。直到19世纪初才知道石英、水晶能分解，1823年才承认这"硅"元素。当时起名"矽"，后来由于读音易与锡、硒混淆，改名"硅"。在一些历史资料，包括科技文献中，依然可以见到"矽"，至今仍有人把变压器的重要电磁材料"硅钢片"，称作"矽钢片"。

纯净的粉末状硅，呈棕褐色。若将硅粉在熔融的锌、银、镁中"溶解"并缓慢冷却，可以获得"结晶硅"。高纯度的"结晶硅"，就是通常说的"多晶硅"。再进一步熔炼成"单晶硅"，就是太阳能光电"晶片"和半导体"芯片"的原料了。用作"晶片"、"芯片"的单晶硅，纯度要求极高，所谓"六九"硅，就是纯度达到99.9999%的硅。硅晶体对于计算机、自动化、能源等技术的重要意义，怎么估计都不会过分。"纯硅"的其他用途，就并不太多，但是，"二氧化硅"和"硅酸盐"，却是应用广泛的重要工业原料。

全球的玻璃工业，每年“消耗”的石英、沙子高达近千万吨；而建筑的混凝土、水泥、玻璃耗用二氧化硅的物料和硅酸盐材料，几乎“难以计量”。俗称泥巴的黏土，主要成分是水化硅酸铝，与石灰石一起煅烧，产品就是水泥。“秦砖汉瓦”，就是用黏土烧制的。而作为陶瓷主料的高岭土，就是纯净的黏土。所以，玻璃、陶瓷、水泥等硅当主角的材料，统称硅酸盐材料。

硅和碳这两大“主角”，结合而生成的化合物碳化硅，是非常坚硬的晶体，俗称金刚砂，硬度接近金刚石，用于制造工业磨料、磨石和砂轮。由于它耐温、耐火，也用作高温炉膛的炉壁。四氯化硅是硅和氯的化合物，这种无色透明液体有点“怪脾气”，57℃就发气沸腾，而遇到水汽，就迅速水解生成硅酸和氯化氢的悬浮气溶剂，于是，顿时一片浓雾白烟。军事上就用它作烟雾剂。海战时，鱼雷快艇发射鱼雷后，往往接着施放“烟幕”撤退，用的就是四氯化硅。农业上，也利用它的“烟雾”，为庄稼“防霜冻”。

有意思的是，硅这无机界的主角，还到有机世界去“抢戏”。近年研发的有机硅化合物，居然“大出风头”。

有机硅化合物，是指通过氧、硫、氮等使有机基”硅原子相连接的化合物。由于有机硅独特的结构，兼备了“无机材料”与“有机材料”的性能，具有表面张力低、黏温系数小、压缩性高、气体渗透性高等基本性质，并具有耐高低温、电气绝缘、耐氧化稳定性、难燃、憎水、耐腐蚀、无毒无味以及生理惰性等优异特性，广泛应用于航空航天、电子电气、建筑、运输、化工、纺织、食品、轻工、医疗等行业。其中有机硅主要应用于密封、黏合、润滑、涂层、表面活性、脱模、消泡、抑泡、防水、防潮、惰性填充等。随着有机硅化合物数量和品种的持续增长，应用领域不断拓宽，形成化工新材料界独树一帜的重要产品体系，许多品种是其他化学品无法替代而又必不可少的。聚硅氧烷，是有机硅化合物中为数最多、研究最深、应用最广的一类，约占总用量的90%以上。北京天安门广场的人民英雄纪念碑，为防尘、防潮、防气蚀，表面就涂着有机硅；据报道，埃及的狮身人面像斯芬克斯和印度的泰姬陵也在考虑用有机硅保护；电脑和自动化装置中的集成电路、电子电路和元件，都用有机硅凝胶涂覆，起保护、固化作用；电动机用有机硅作绝缘材料，可使整机体积、重量缩小50%，而寿命延长8倍。而有机硅合成橡胶，可抗350℃高温，不怕烈日暴晒；可耐-90℃低温，何惧冰天雪地。而且，弹性好，不易老化、不会龟裂，是制造越野车、重载车、军用车和高级汽车轮胎的优选材料……

3.5 绚丽多彩的玻璃世界

玻璃，这种硅酸盐材料大家都非常熟悉，窗玻璃、茶杯、花瓶、金鱼缸……每家举出十几种玻璃用品都不稀奇。但是，对于玻璃的“身世”，大家不一定知道，且听我慢慢说道玻璃的传奇身世。

据传，最早的玻璃出现在5000多年前的古埃及。几位旅行者在山中“露营野炊”，用岩石架了个灶，拣些树枝作柴火，白天烧煮食物，晚上取暖、驱兽。夜尽天明，早晨他们要离去时，负责熄火的人发现，柴火灰烬中有东西在阳光下闪闪发光。刨开灰土拿起来仔细一看，竟像是颗颗闪亮的“小珍珠”。旅行者们兴奋地拣起这些“火珍珠”，称它为“老天的礼物”。其实这

古埃及雕塑，各色透明玻璃制品图

就是最早的玻璃。他们架灶的岩石，是含有二氧化硅、氧化钠、氟化钙等成分的长石、萤石，在高温下熔融生成了半透明、坚硬、有光泽的玻璃珠。有了意外的发现，也就有了“有心人”的继续探索，古埃及就有人逐渐掌握了煅烧火珍珠的技艺，而且还研究出加入不同金属来调色，开始有意制造这“上天的礼物”。很长时间，这种玻璃火珍珠是价格高昂的珍贵装饰品。

1903年，英国考古学家在帝王谷发现“哈特舍普苏特”陵墓。这位古埃及唯一的法老女王陵墓的发现，可是一件“惊世大事”。但是，在陵墓正穴中，没找到女法老的木乃伊，而在另一墓穴中，却找到两具老年木乃伊，一具在石棺里，另一具在地上。埃及考古学家认为，这就是哈特舍普苏特和奶妈，但多数考古学家认为证据不足。被认为是女法老的木乃伊，被运往开罗博物馆保存；奶妈木乃伊，则存放在编号KV60的原墓中。

2002年，在美国探索传播公司赞助下，埃及和多名国际考古学家再次寻找哈特舍普苏特木乃伊，用现代设备对数千具木乃伊探测鉴定，范围缩小至4具。用CT扫描和已知的哈特舍普苏特亲属木乃伊对比，进一步缩小到两具，就是被认为女王奶妈墓穴里的两具木乃伊。最终线索来自刻有女法老名字的陶葬罐，扫描后从中找到一颗牙齿和一些内脏，牙齿与一具木乃伊缺的上臼齿吻合，从而确认，这具被误认为奶妈的木乃伊，正是哈特舍普苏特女王。学者猜测，她是被泄愤者认为不配安葬在法老陵墓，而从原墓中拖出扔在奶妈墓中。这具木乃伊1903年在帝王谷发现后，一直在原址，现在被送到开罗博物馆检测。研究显示，女王亡于50多岁，生前体态丰腴，很可能患糖尿病和肝癌，她的左手置于胸前，是古埃及皇权的传统姿势。分子遗传学家从木乃伊骨盆和大腿处取样，与女王祖母的DNA样本对比，初步结果“非常鼓舞人心”、“可以百分之百地肯定木乃伊是哈特舍普苏特”。

有些考古学家对这一宣布持谨慎态度，认为尚需其他专家独立证实。究竟如何定论，让考古学者和科学家去解决吧。令人感到有意思的是，这位当初被认为是奶妈，后来又“百分百”肯定是女王的木乃伊脖子上，戴的项饰竟是一串墨绿色的玻璃珠串。贵为法老女王，殉葬的不乏奇珍异宝，挂在颈项上的肯定是至爱珍宝。由此可见，玻璃在当时，确实身价非凡。

玻璃的最初“形象”，以坚硬、光泽为主，质地混浊或半透明。并没有“透光透明”的特点。由于易碎和制造成本高，调色后也都是作为饰物、小摆件，没有制造大的物器。直到14世纪，一名法国技师，选用了当时透明度最高的乳白色玻璃，磨薄呈半透明状态，用作窗户透光才发明“窗玻璃”。他这种最早的窗玻璃面积很小，每一块只有手掌大小。为了便于安装，将这种窗玻璃做成圆片形的，还在中央处拉出一个凸起的柄。为安装这种“窗玻璃”，必须在窗户上先装一张用锡制作的网，网上有一个个圆孔，孔中还有金属丝，以便把窗玻璃上的柄拴住。天啊！真麻烦。尽管这种原始的窗玻璃存在着许多缺陷，但在当时，这可是最先进最新潮的玩意儿，只有极富有的贵族才安装得起。这种要先“磨薄”，又是小块小块安装在金属网上的“窗玻璃”，实际上是当时玻璃生产工艺水平的反映，还属于高成本的“初级阶段”。

之后，又有人发明了用各种颜色的小玻璃片拼成各种图案的“彩色窗玻璃”，上面有山水、森林、花鸟、人兽，迎着阳光，还真有点色彩缤纷的特殊魅力呢！这种图案形的彩色窗玻璃作为漂亮的装饰，很受城市家庭的欢迎，连教堂也对它十分感兴趣。直到今天，西方的许多教堂，还采用这种窗玻璃来增添宗教的神秘色彩呢！不过，这种用小片拼起来的彩色窗玻璃，对普通家庭还只是一种美化装饰，人们更需要的是大块的无色透明窗玻璃来透光。为了给黑暗的房屋带来光亮，人们想了许多办法，动了不少脑筋。英国人和德国人在窗上嵌油纸、涂蜡的白布甚至薄薄的云母片；俄国人则将牛膀胱的薄膜蒙在窗框上；而我们中国人呢？使用得最多的当然是窗纸，还有削磨得很薄的牛角片。这些材料的透明度自然远远不及今天的窗玻璃，因此无论当时的屋内陈设如何荣华富贵，住在里面总会感到昏暗不适。麻烦的小玻璃片和也是小片的“彩色窗玻璃”，解决不了透光问题，可是大、平而透明的窗玻璃用当时的工艺做不出来。谁也没想到，这个问题是从吹“玻璃瓶”开始得到解决的。

在用玻璃做装饰品和小摆件的过程中，人们逐渐熟悉了玻璃的性能。传说是聪明的罗马人，发现用铁管蘸上熔融的玻璃熔液，再吹气时，玻璃熔液也会像肥皂液一样成“泡”，再借助于钳子、棍子等工具，可以制造出形状各异的玻璃瓶、玻璃杯和其他玻璃制品。同时，人们也逐渐明白了玻璃不太透明的原因，在选料和煅烧熔炼工艺上不断改进，玻璃的透明度有了很大的提高。有人更进一步想，若能吹成很长很大的圆筒，趁热剖开展平，就可以做出大而平的玻璃了。想法很好，但当时玻璃瓶、罐都是人在吹制。玻璃器材的吹制技师，个个都是腰圆膀粗才能一鼓作气连续吹成，稍有停顿喘气，玻璃就会因“接不上气”而报废，就只能回炉重吹。而长期的艰苦劳作，吹玻璃技师的健康状况都很糟，他们的头颈变得又短又粗，胸部向外突出，两腮的肌肉松弛下垂，耳朵因长期空气压迫而发炎、红肿、化脓，最终导致变聋，眼睛因长期受强光刺激而视力衰退，几乎成为瞎子，牙齿因用力咬住吹管而变松，手掌肿得像馒头，肩膀也因用力过度而病变……或许在40岁左右就因残疾而无法胜任任何工作了。即使有“高人”，能有足够长的气和足够大的力气，去吹出又长又大的圆筒，他又能吹多少呢？所以，这个想法一直到19世纪末，有了空气压缩机代替人吹气和采用了玻璃熔液连续提升工艺，才得以实现。人们终于可以用玻璃圆筒制造平板玻璃了。大而平的透明窗玻璃这才真正问世。

这种吹圆筒—剖开—展平的工艺过程，虽然都已经机械化，但每一道都工序都得“小心翼翼”，温度、速度的控制稍有疏忽，往往就会前功尽弃而报废，成品率很难提高。比利时的技师，也是从肥皂泡得到启示，不过他注意到的不是球形的肥皂泡，而是在手指或铁丝间形成的肥皂液膜。他设想直接从玻璃熔液中形成玻璃液膜，冷却下来不就是薄薄的平板玻璃吗？通过试验，可以更有效生产平板玻璃的方法和设备研制成功了。这种可以连续生产带状玻璃的机器，还可以通过调整提升速度生产不同厚度的平板玻璃。窗玻璃终于可以高效地大规模生产了，窗玻璃也终于价廉物美地进入了千百万老百姓的家中。而后，为了制造更加平整的平板玻璃，美国工程师又发明了在金属锡熔液表面生产平板玻璃的浮法玻璃工艺技术和设备。我们现在应用的窗玻璃和玻璃厚板、玻璃幕墙，多是浮法玻璃。今天，不论是商店、厂房、饭馆、办公室、陈列厅、候车室……都离不开玻璃作为建筑材料，用玻璃镶在门窗或墙框中，不仅明亮、整洁、美观、舒适，而且节能、经济。因此现代建筑大量使用落地大玻璃窗、厚板玻璃间隔、玻璃幕墙……在一定程度上来说，这是一个“玻璃世界”。

今天的玻璃，已是一个拥有众多成员的大家庭，其中有不少具有神奇功能的新秀。

先说耐火玻璃。玻璃本是火中生，但制成玻璃器皿后恰有点怕火。普通的玻璃杯，如果放到火上烘烤，不一会儿就会爆裂；在冬天，有时向杯中倒入沸水，也会发生爆裂。原因不难找到，就是玻璃和其他物质一样，都具有热胀冷缩的性质，而且普通玻璃受热膨胀得还挺厉害。一般来说，膨胀并不会使物体发生破裂，因为有的物质传热快，短时间内各处都受热升温可同步膨胀，这便避免了冷热不均胀缩不一而破裂；有的物质传热虽然不快，却富有弹性、韧性，伸缩有变形缓冲，因此也不会发生破裂。可悲的是，玻璃这种物质既传热不快，又缺少弹性、韧性，在受热时，高温的一边首先膨胀，另一边还依然如故，岂有不破裂之理？人们十分希望能有不会发生爆裂的玻璃新品种出现。工夫不负有心人，玻璃专家发现，玻璃受热发生剧烈膨胀的原因在于其中使用了苏打原料。制造耐火玻璃的关键便是要找到一种代替苏打的原料。他们在试验了上百种物质以后，终于找到了一种较理想的物质——硼酸。试验表明，硼酸的膨胀度只有苏打的1%。不久，一种硼酸多、苏打少的新型玻璃便诞生了。它的膨胀度为普通玻璃1/8，赢得了“耐火玻璃”的美誉。人们用它制成化学实验用的烧杯、烧瓶，制成普通的白炽灯泡，制成需要加热的微波食品器皿……

今天，石英玻璃成了一种更新的耐火玻璃，它的膨胀度更小，更能经受热的考验，相信以后，还会出现更多、更好的耐火玻璃。

红外玻璃和紫外玻璃。

太阳光中除了可见光之外，还有一系列肉眼看不见的光线，红外线和紫外线便是主要的两种。1800年，英国天文学家威廉·赫歇尔重复牛顿的“分解日光”实验，但他有意在光谱的不同颜色区域各放一支温度计，想检测不同的光温度有什么不同。他发现，红色光谱区的温度计水银柱升得高一些。但是，当他把一根温度计放在红色光谱区域之外时，一个奇怪的现象出现了：这个没有光照射的温度计竟然升得更高了，而且超过了红色光区域的温度。他认为，那里一定存在“不可见的辐射”。后来，人们把他发现的“不可见辐射”称之为“红外线”。

发现了红外线，人们很自然会想，有没有“紫外线”呢？但是，温度计放在那里，一点变化也没有。原来，太阳发射的紫外线虽然比红外线多得多，但大部分紫外线被大气层吸收掉了，而紫外线又不能穿透玻璃棱镜。不过，紫外线还是很快被人们找到了。1801年，德国物理学家里特发现，硝酸银放在光谱的蓝色光和紫色光区域曝光以后，会分解出黑色的金属银，如果把硝酸银放在紫外区域，它分解得更快，从而证实了紫外线的存在。

红外线、紫外线虽然被发现了，但看不见、摸不着，很难进行控制。科学家不约而同地想到了玻璃，能不能发明出特别的玻璃，可以仅让这些辐射通过；或者不让这些辐射通过？经过一段时间的试验，他们首先发明了阻止红外线，而让可见光通行的一种蓝绿色玻璃，命名为“红外玻璃”，也有人称它为“南方玻璃”或“热带玻璃”。当然，用这种玻璃制造灯泡，能大大减少红外线的辐射。接着，科学家又发明了一种阻止可见光、通过红外线的玻璃，这种玻璃含有锰，有人就称之为“锰玻璃”，黑乎乎的，看上去完全不透明。人们用锰玻璃制成特殊探照灯的滤光镜，即使里面点着大灯泡，外面也看不见丝毫光线，只会感到阵阵热气。侦察员们正是借助这红外线探照灯来观察外部情况。

红外线如此，紫外线也不例外。科学家们发现，普通的窗玻璃本身就具有阻挡紫外线的功能，究竟是玻璃中的什么物质在起作用呢？原来是玻璃中含量微不足道的铁质。去除这些铁质，普通玻璃也能透过紫外线。只要在玻璃中加入少量铁的克星——硼酸，于是，紫外线就可以通过玻璃了，“紫外玻璃”诞生了。那么，想发明一种完全不会透过紫外线的玻璃，只要在玻璃中多加些铁质就行了吗？不行！因为铁质一多，玻璃的颜色就会变成红色，这样又会阻挡可见光的通过。经过无数次的试验，科学家终于找到了一种稀土金属的混合物，将这种混合物掺入玻璃，就可制造出完全阻挡紫外线的无色玻璃了。由于这种玻璃最适合用于博物馆、美术馆、档案馆和图书馆，可防止其中的文件资料因紫外线照射而发黄变色，因此人们称这种玻璃为“文件玻璃”。

变色玻璃。说起变色玻璃，人们自然而然地会想到变色眼镜。这种神奇的眼镜会随外界光线的强弱而变化：光线暗的地方，变色眼镜就变得明亮透明，使人能看清东西；光明亮堂的地方，它又会变成暗淡深色，自动保护眼睛不受强光的刺激。变色玻璃的发明，是玻璃化学家从摄影家那里获得的启示。摄影师一按快门，就能在胶卷上留下美丽的一瞬。它靠的是可见光分解胶片上的银盐。银盐本来并不挡光，是光使它分解成为不透明的银原子，从而构成底片上人物风景的明暗黑白。于是玻璃化学家将这一原理用于玻璃上，试着将氯化银、溴化银、碘化银这些对光十分敏感的试剂，加到熔融的玻璃液中，还加入了微量的氧化铜，这样，自动调光的“变色玻璃”就诞生了。由于加入玻璃中的银盐和氧化铜数量很少，而且颗粒也十分微小，平时光线可以自由穿过，与普通玻璃相差无几；处于强光照射下，银盐在光的催化下分解成银和卤素，分解的程度和光线的强弱有关，光愈强分解愈多，分解后的银聚集在玻璃上，它就变成深颜色；光线较弱时，卤素和银在氧化铜的催化下，又化合成卤化银，使玻璃变得明亮。

最近，美国的研究人员研制出了一种新的变色玻璃。它一遇到某种化学物质就会改变颜色，根据这一特点，可用它作为环境监测以及医疗诊断的显示器。美国科研人员使用的是一些遇到某种化学物质就变色的酶或蛋白质，通过玻璃上的“毛孔”，使气体分子进入玻璃，从而使它变色。而日本新近研发的新型电子太阳眼镜，镜片采用的是电感色材料，并安装有微型电池和触摸式开关。当开关打开后，由于镜片玻璃中的电场发生变化，就可改变它的颜色。这种镜片玻璃最大的优点是其颜色的转变时间仅需4秒。在明亮的阳光下能自动变暗；汽车驾驶员戴上它进入或离开隧道时能逐渐变色；滑雪运动员从室内直接进入明亮的露天滑道时，也是如此。

变色玻璃，正从光学变色向化学变色和电子变色方向发展呢！

防弹玻璃。防弹玻璃的发明，纯属意外。一位法国科学家在实验室做试验，无意中将一个长颈玻璃烧瓶碰掉到地板上。当他自责地往地上一看，却愣住了。原来烧瓶并没有跌碎，只是瓶上布满了纵横交错的裂纹，竟没有一块碎片。“真是个奇迹！”他拿起烧瓶，想起这只烧瓶曾经装过硝酸纤维素溶液，现在溶液挥发后留下一层薄膜，像橡皮一样紧贴在瓶壁上，也许这和烧瓶碰而不碎有什么关系。但是他没再多想，只是把这只“奇迹”烧瓶贴了个标签“留作纪念”放到了架子上。几年后，他从报上的车祸报道中读到，伤亡的人员都有严重的碎玻璃创伤，他在感叹之余想到，若是玻璃能“不碎”多好啊！突然，那只跌而不碎的“奇迹”烧瓶出现在他脑海中。他找到了那只“奇迹”烧瓶，仔细研究了不碎的原因，并由此发明了在玻璃片中夹入透明塑料膜的“不碎玻璃”。很快，这种“不碎玻璃”被高级轿车用作风窗，并以“防弹玻璃”之美名而盛传天下。其实说是能“防弹”，有些夸张，“不碎”倒是很实在的。

但是近年，真正的防弹玻璃也在“不碎玻璃”的基础上开始研发出来，名副其实能抵抗子弹射击的“防弹玻璃”已陆续问世。例如德国制成的一种25毫米厚的防弹玻璃，能挡回近距离射出的手枪子弹和机枪子弹，真似铜墙铁壁一般。另外，英国制造的防弹玻璃厚达609毫米，不仅坚固结实，而且十分透明，人们透过它阅读书报非常清晰。

微晶玻璃，是玻璃家族与众不同的成员。一般玻璃虽然透明，但其原子结构是无序的非晶体，而微晶玻璃的原子结构是有序的晶体。微晶玻璃是由微小晶体组成的玻璃。由于这种玻璃具有与陶瓷相似的结构，所以又称为“陶瓷玻璃”。

正因为微晶玻璃具有与普通玻璃不同的结构，就有一些特殊的性格。它硬度高，抗弯强度是普通玻璃的7~12倍；它耐高温性能好，软化温度高达1000℃，即使达到900℃高温，突然投入水中也不会炸裂；它的膨胀系数可以调节，甚至可以为零；它不但电性能优异，还可以用来制作雕刻艺术品，在它身上打出成千上万个微孔也不是一件难事。所以，微晶玻璃有许多独特的应用。

微晶玻璃的发明，也是由意外事件引发的。

20世纪50年代初，一家美国玻璃公司研究开发的新型玻璃中，有一种其中含微量银的“感光玻璃”。所谓感光玻璃，就是一种能感光显色的新型玻璃。这种玻璃经紫外线照射感光后，再经热处理，就能显示出美丽的影像，不但色泽鲜艳，而且永不褪色。

一天，科研人员正在实验室做感光玻璃的热处理试验。本来，试验电炉的温度、时间控制，都由自动化控制仪表按工艺规程自动进行，所以，玻璃放进电炉后，合上电源、按下开关，一切都不必操心，只要看看仪表是否正常。可是，这天仪表出了问题，而科研人员又正好离开了现场，待发觉时，炉温已高达900℃。真是糟糕透顶，不仅实验失败，而且熔融玻璃会黏住炉膛，后果十分严重。科研人员急忙关闭电源、赶紧打开炉门。意外的是，玻璃没有熔融，但已面目全非，样子有点像不透明的瓷砖，用钳子夹起来，居然还是硬邦邦的，敲起来还会发出像金属那样的声音。这块玻璃究竟发生了什么变化？经过仔细的研究和反复试验，科研人员在显微镜下观察到：这块感光玻璃在高温下析出了大量的微小晶体，而玻璃中的银粒起到了晶体的晶核作用。这就是后来大名鼎鼎的“微晶玻璃”出生经历。

制造微晶玻璃，就是要创造玻璃结晶的条件。首先要确定微晶玻璃的化学成分，并事先加入微量的金属元素或氧化物作为结晶核心。然后在玻璃熔炼、成型后，用紫外线照射，再进行热处理，给予一定的能量条件，使结晶核心像种子发芽一样，生长出许多微小的晶体，其直径通常不超过2微米，只有头发丝粗细的几十分之一。这种要经过紫外线照射才能制成的微晶玻璃，称为“光敏微晶玻璃”。不用紫外线照射，只通过热处理也可以制成微晶玻璃，这种微晶玻璃称为“热敏微晶玻璃”。目前已有1000多种不同成分的微晶玻璃，具有各种不同的性能，但万变不离其宗，微晶玻璃的性能都同微小晶体的存在有关。在玻璃中加入微量的感光性贵金属银作为结晶核心，可制成透明的光敏微晶玻璃。在这种玻璃上面覆盖一张照相底片，放到紫外线下照射一定的时间，使玻璃中照到紫外线的地方形成银原子的潜象，成为以后析出微小晶体的核心。再经热处理，玻璃中照到紫外线的地方便析出微小晶体，玻璃上出现乳白色的图像；而未照到紫外线的那部分玻璃没有结晶，仍然是透明的。这种玻璃的结晶部分和未结晶部分在性能上有很大的差别，在氢氟酸中的溶解能力大不一样，前者比后者要大20多倍。将这块玻璃浸入氢氟酸，由于结晶部分容易被氢氟酸腐蚀掉，而未结晶部分岿然不动，玻璃上便形成了与底片上一样的精美雕刻图案，其水平绝不亚于专门从事雕刻的能工巧匠。利用这种化学蚀刻技术，可以对玻璃进行刻花和精密加工。例如在指甲那么大的玻璃上可打出上万个小网眼，网眼的直径小到连头发丝都穿不过。此外，还能打出各种形状的孔眼，如方孔眼、三角孔眼等。由于光敏微晶玻璃具有良好的电学性能和化学加工性能，故常用来制造印刷线路的基片和镂板，为电子工业的固体电路微型化作出贡献。光敏微晶玻璃还能用来制造射流元件，为实现气动控制自动化立下汗马功劳。用光敏微晶玻璃制成的高级装饰品和艺术珍品，很受人们的欢迎。

天文学家常用反射式望远镜观察天体，这种望远镜中有一面巨大的凹镜，用于聚集来自遥远星体的微弱光线。凹镜愈大，能够集中的光线愈多，看到宇宙的范围愈大，成像愈明亮清晰。自从1668年牛顿发明反射式望远镜以来，凹镜的直径做得愈来愈大。在20世纪40年代后期，世界上第一台大型反射式望远镜建成，它的凹镜直径为5米，净重13吨，连同其他部件，望远镜总重达530吨，安装在美国帕洛玛山天文台。这台望远镜能接收到几十亿光年远处发出的极微弱的光线，比人眼灵敏100万倍。但这台反射式望远镜有一个缺点。其凹镜采用的是普通光学玻璃，这种玻璃膨胀系数较大，因此凹镜的准确形状和尺寸精度会受气温的影响而发生变化，从而会改变光路，使成像的清晰度降低。

微晶玻璃的膨胀系数很小，这是因为微晶玻璃在热处理过程中会析出具有“热缩冷胀”性质的微晶颗粒，和一般玻璃材料的“热胀冷缩”的特性正好相反。因此通过调节可以使这两种特性相互抵消，制成膨胀系数为零的微晶玻璃。用这种微晶玻璃制成的凹镜，其精确度不会受到温度影响。于是，微晶玻璃又有了一个用武之地，它是制作大型反射式望远镜凹镜的理想材料。

我国在1978年用超低膨胀系数微晶玻璃制成了凹镜直径为2.2米的反射式望远镜，安装在北京天文台，使我国进入了为数不多的能制造这类大型微晶玻璃凹镜的国家的行列。

这种超低膨胀系数的微晶玻璃还广泛用于厨房用具、热工仪表、医学和建筑材料等方面，如果制成餐具或烧锅，急冷急热都不用担心炸裂。它强度、硬度高，耐磨性好，常用来做钟表和精密仪器中的轴承，作为贵重的红宝石的代用品。

我们知道，导弹是一种命中率极高、杀伤力很大的现代化武器。为什么导弹的命中率会那么高呢？原来，导弹的头部装有一个由敏感系统、测量系统、控制系统、执行机构等电子装置组成的制导系统，它可以精确地控制和修正导弹的飞行方向。但导弹在大气中飞行，其头部因与空气摩擦而产生相当高的温度，因此在导弹的头部有一个流线型防护罩，用以保护装在其内的制导系统。防护罩要满足很高的要求，它既要能让微波信号透过，又要抗高温，以保证其内部的电子装置在导弹高速飞行时能正常工作。微晶玻璃具有良好的成型性，容易加工成尺寸精确、材质均匀的零件。它比重小，抗弯强度高，在短时间内可经受120℃的高温考验。用它来制作防护罩，在导弹高速飞行时能辐射大量的热，从而降低工作温度。因此微晶玻璃是一位名副其实的导弹头部的“保护神”。

水玻璃，看名称该是液体。是的，水玻璃是由碱金属氧化物和二氧化硅结合而成的可溶性硅酸盐材料，又称泡花碱。水玻璃根据碱金属的种类分为钠水玻璃和钾水玻璃，其分子式分别为$Na_2O \cdot nSiO_2$和$K_2O \cdot nSiO_2$。

据传，水玻璃的发明，颇有传奇色彩。

意大利文艺复兴时期大艺术家达·芬奇的优秀作品《最后的晚餐》，绘在米兰教堂的一堵墙上。可是，没过几年，这幅画上的颜料开始剥落，尤其是画的中下部，由于潮气侵袭，损坏得更快。据说，法国皇帝佛兰西斯克一世为了抢救这件珍宝，曾下令将这堵墙完整地运到法国巴黎，欲妥善地保存它。当然，这是不可能的。有没有可能发明一种东西能有效地保护这类艺术作品呢？

许多人都在摸索着、试验着，法国明兴大学的福克斯教授便是其中之一。1818年，福克斯教授在他的实验室里熔炼成了一种新玻璃，其原料采用的是沙粒和苏打，不含石灰石成分。这种玻璃看上去和普通玻璃没什么区别，同样的坚硬、透明，不过，如果把它浸到热水中，过不多久，它就熔解了，成了一种灰色的黏滞液体。根据这一性质，福克斯给它取了个名字，叫做“水玻璃”。水玻璃具有十分奇特的性质，如果用它来调白垩粉，白垩粉就会凝固起来变成坚硬的白垩石；如果将它涂到树皮上，树皮立刻就会包上一层薄而坚硬的玻璃膜，就像披了一件玻璃外衣。于是，福克斯很有把握地向壁画家们建议，在画画之前，先用水玻璃溶液刷一次墙，然后在墙粉中也掺一些水玻璃，待墙粉干了以后再描图绘画；最后，当壁画完成后，在其表面再涂一层水玻璃溶液，经过这样处理的壁画就可以大大延长保存的时间了。同时，福克斯又用水玻璃抢救濒临毁坏的壁画，他将水玻璃溶液涂在壁画的表面，也取得了很好的效果。

以后，人们发现水玻璃还有很多意想不到的功能。例如将鸡蛋在稀薄的水玻璃溶液中浸一下，蛋壳“穿”上了一件密不透风的“外套”，这种鸡蛋不用冷藏也可“保鲜”一年；大炮、坦克、军舰表面，涂上防止生锈的油漆，但油漆容易燃烧，如果在油漆中掺入水玻璃，那么普通的油漆也就具有耐火性了；多年前，苏联莫斯科正在修建地铁，当地铁通过共产国际大厦底下时，疏松的地层使大厦发生了倾斜，在这关键时刻，科研人员建议，将水玻璃溶液通过管子注下地下，使松散的沙土凝结成整体，终于使大厦化险为夷。

水玻璃的用途非常广泛，在化工系统被用来制造硅胶、白炭黑、沸石分子筛、偏硅酸钠、硅溶胶、层硅及速溶粉状泡花碱、硅酸钾钠等各种硅酸盐类产品，是硅化合物的基本原料。

水玻璃在轻工业中是洗衣粉、肥皂等洗涤剂中不可缺少的原料，也是水质软化剂、助沉剂。

水玻璃在纺织工业中用于助染、漂白和浆纱。

水玻璃在机械行业中广泛用于铸造、砂轮制造和金属防腐剂等。

水玻璃在建筑行业中用于制造快干水泥、耐酸水泥防水油、土壤固化剂、耐火材料等。

水玻璃在农业方面可制造硅素肥料。

水玻璃还用作石油催化裂化的硅铝催化剂，肥皂的填料，瓦楞纸的胶黏剂，金属防腐剂，水软化剂，洗涤剂助剂，耐火材料和陶瓷原料，纺织品的漂、染和浆料，也可用于矿山选矿、防水、堵漏，地铁注浆，木材防火，食品防腐以及制胶黏剂等……

光学玻璃。16世纪末至17世纪初，人们发明了望远镜和显微镜，这些光学仪器中都必须装配各种镜头，这些镜头都是用宝贵的天然水晶磨制而成的。当时的条件下，根本不可能用玻璃取而代之。因为，当时熔炼玻璃时，总会留下许多缺陷。例如玻璃中常常会夹带着一些气泡、灰色颗粒、小石子以及纹路等，无法用来制造望远镜、显微镜的镜头。天然石英或水晶，虽然纯净无瑕，却非常稀少。人们就有了“人造水晶玻璃”的想法。其实三四百年以前，英国人就开始了“人造水晶玻璃”的尝试。他们在玻璃中加入铅，消除了黑色，又用碳酸钾代替苏打，消除了因含铅造成的淡黄色，最后制成了一种“酷似水晶”的玻璃。不过，这种玻璃质地还是不够均匀，尤其是其中含有挥之不去的气泡，制造镜头还是不行。不过，法国一位钟表匠，却熔炼出了没有气泡和石子的镜头玻璃。但关于熔炼的

“秘密”，他到临终之时，才将秘密口授给了儿子。他的儿子们继承父业，个个严守秘密，绝不将秘密外传。直到19世纪末，德国出现了一个天才的光学家阿贝尔，经过长期研究，终于揭开了钟表匠的秘密，发明了优质光学玻璃的熔炼方法。阿贝尔的发明很快就被德国的蔡司·绍特公司高价收买了去。这家公司的保密工作“滴水不漏”，做得比钟表匠的子孙还要好。第一次世界大战期间，俄国以法国、英国同盟者的身份，在接受了极为苛刻的条件以后，才以极高的代价买到制造光学玻璃的秘密。此后，到了苏联时期，为了彻底打破法国和德国对制造光学玻璃的垄断，公开了这一秘密。现在知道，这一保守了几百年的秘密，说来十分简单，就是“搅拌”！只需在熔炼玻璃时，加以充分搅拌即可。

特种光学玻璃。特种光学玻璃，是指具有特殊光学性能和专门用途的新型玻璃，除了上面已介绍过的，还有：

炼钢、焊接用的护目镜片，是含钴化物的暗蓝色玻璃片，可遮挡紫外线保护眼睛。

防辐射玻璃，是含有铅、钡、铋等化合物的玻璃，可有效防护X射线和其他辐射射线。用于放射医学和核工业等领域。

吸热玻璃，是含有氧化亚铁的玻璃，可挡住红外线热辐射。

硒玻璃，红色鲜明，常用于艺术和建筑装饰。北京展览馆和革命军事博物馆尖顶上闪闪发光的红星，就用硒玻璃制造的。

调光玻璃，是一种通过改变电场强度可调节光散射和透过率的新型玻璃。在两片玻璃间，夹入液晶膜，在通电前，液晶分子杂乱排列，使平行光线散开，玻璃呈不透明的乳白色；通电后，分子排列呈一个方向，平行光线能通过，玻璃呈透明状态。

偏振光玻璃，用于物理光学和通信，对于军事和交通也很

有用。如汽车大灯和前窗用偏振光玻璃，可解决强光炫眼的问题。

还有红、黄色的防蝇玻璃，苍蝇见到这种红、黄光会逃之夭夭……

玻璃肥料。施肥，是农业生产的重要环节，必须根据农作物生长周期需要及时施放。可是，施肥后经常遇到"天有不测风云"，大风大雨把刚施的肥冲、吹走了；有时又需要长期连续施肥，十分费时费力。

玻璃肥料，就是为解决这些问题而发明的新型高效肥料。这高效，既指效力好、又指效率高。原来，玻璃肥料是含有铜、锰、锌、钼等农作物需要的微量元素的玻璃粉末，施放后，由于玻璃的重量而不易被冲跑吹走，在土壤中可以自动"细水长流"逐渐溶出微量元素，保证农作物茂盛丰产。再不用费工费料地去追补肥料了。

真空玻璃。真空玻璃，是在"中空玻璃"基础上发展起来的新型节能保温隔音玻璃。真空玻璃不同于传统的中空玻璃，不是在夹层加入空气层或者惰性气体，而在两层玻璃之间形成0.1mm~0.2mm的真空层，其隔热效果相当于中空玻璃的两倍，普通单片玻璃的四倍。一片只有6mm厚的真空玻璃，隔热性能相当于370mm的实心黏土砖墙，相当于四砖墙的水平。真空玻璃还具有隔音、防风、防结露的特点。真空玻璃的真空隔音性能强，可将普通的室内噪声降至45分贝以下，达到五星级酒店的静音标准。另外，真空玻璃热阻高，有更好的防结露性能，抗风压性能是中空玻璃的1.5倍，安全系数更高。真空玻璃应用在建筑上，将达到节能和环保的双重效果。门窗是建筑的最大能源漏洞，大部分的能源都从窗户流失。建筑窗户采用真空玻璃后，由于隔热保温性能好，可节能20%~30%，其中空调节能就达50%。虽然真空玻璃单项成本会提高10%~15%，但与每年可节约20%~30%的能耗相比，节能优势非常明显。

3.6 光导纤维究竟是什么纤维？

光导纤维，能使直射的光像电流一样沿着导线“弯弯曲曲”地传输，这是现代科学创造的奇迹。当然，这导线不是金属电线，而是透明的“玻璃”线。

科学、准确地说，光导纤维，又称光学纤维、导光纤维，简称“光纤”，是能传导光信号的纤维材料，它能将光的明暗变化信号，从一端传送到另一端，一般是直径仅几微米的带包层的圆柱形石英玻璃纤维。

光导纤维，是由两种或两种以上折射率不同的透明材料，通过特殊复合技术制成的复合纤维。它的基本类型是由实际起着导光作用的芯材和能将光能闭合于芯材之中的皮层构成。光导纤维有各种分类方法：按材料分，有玻璃、石英和塑料光导纤维；按形状和柔性分，有挠性和不可挠性光导纤维；按纤维结构分，有皮芯型和自聚集型（又称梯度型）；按传递性分，有传光和传像光导纤维；按传递光的波长分，有可见光、红外线、紫外线、激光等光导纤维。而通常说的通信光导纤维，是指芯材为石英纤维、传导激光信号的光导纤维。

关于光导纤维的发明，要从19世纪后期一个令人惊奇的实验说起。

1870年的一天，英国物理学家丁达尔到皇家学会演讲“光的全反射原理”，他做了一个实验：在装满水的木桶上钻个孔，水就从孔中流出来，然后，打开桶上边的灯把水照亮。观众们突然大吃一惊，因为他们看到，从水桶的小孔里流出来的水，居然在放光，水流弯曲，光线也跟着弯曲，光似乎被弯弯曲曲的水“绑架”了。

他告诉人们，光也能沿着从酒桶中喷出的细酒流传输；光还能顺着弯曲的玻璃棒前进。这是为什么呢？难道光线不再直进了吗？丁达尔告诉大家，经过他的研究，发现这是全反射的作用。即光从水中射向空气，当入射角大于某一角度时，折射光线消失，全部光线都反射回水中。表面上看，光好像在水流中弯曲前进，实际上，在弯曲的水流里，光仍沿直线传播，只不过在水流内表面上发生了多次全反射，光线通过多次全反射不断向前传播。这就是光导纤维“光导”的原理。

光导纤维，正是根据这一原理开始研制的。起初，使用的基本原料是廉价的石英玻璃，科学家将它们拉成直径只有几微米到几十微米的丝，然后再包上一层折射率比它小的材料。只要入射角满足一定的条件，光束就可以在这样制成的光导纤维中弯弯曲曲地从一端传到另一端，而不会在中途泄漏或散射。

科学家将光导纤维首先用于光通信。一根光导纤维只能传送有限的光信号，而把数以千万计的光导纤维组成“一束”做成光缆，其传输的光信号信息就巨大无比。用光缆代替原来的“电缆”通信，就显示出“巨大无比”的优越性。比如1800根铜线组成的像碗口粗细的电缆，每天只能满足几千人次通话，而仅20根光纤组成的像铅笔粗细的光缆，每天可满足7.6万人次通话。如今，一根通信光缆承担上亿路通话任务，都“不在话下”。据报道，一对光纤可同时传送150万路电话和2000套彩色电视信号，比现有的1800路中同轴电缆载波通信的容量大了800多倍。

光导纤维不仅重量轻、成本低、敷设方便，而且容量大、抗干扰、稳定可靠、保密性强。因此光缆正在取代铜线电缆，广泛地应用于通信、电视、广播、交通、军事、医疗等许多领域。所以，人们称誉光导纤维为“信息时代的神经”。我国自行研制建设“世界最长”的“京·汉·广通信光缆”，全长3047千米，已于1993年10月15日开通，标志我国已开始进入全面应用光通信的“信息时代”。

光纤除了可以用于通信外，还可以用于医疗、信息处理、传能传像、遥测遥控、照明等许多方面。例如“光导纤维胃镜”是由上千根玻璃纤维组成的软管，它有输送光线、传导图像的本领，又有柔软、灵活，可以任意弯曲等优点，可以通过食道插入胃里。光导纤维把胃里的图像传出来，医生就可以窥见胃里的情形，然后根据情况进行诊断和治疗。还有，“光导纤维内窥镜”可导入心脏，测量心脏中的血压、温度等，还可以帮助医生检查胃、食道、十二指肠等的疾病。而光纤传输激光的“激光手术刀”在医院应用，如今已不是“新闻”了。

从材料的利用来说，敷设1000千米的同轴电缆大约需要500吨铜，改用光纤通信只需几千克石英就可以了。虽然，制造光纤的石英需要精纯的石英，需要专门的选材、熔炼和制造，但比起铜来，石英资源可多上千万倍了。

3.7 水泥和混凝土

水泥，素有“建筑业的粮食”之称，是现代最重要的硅酸

水泥制品

盐建筑材料。材料科学中称之为“水硬性胶凝材料”。这种粉状水硬性无机胶凝材料，加水搅拌后成浆体，能在空气中硬化，或在水中更好地硬化，并能把沙、石等材料牢固地胶结在一起。用水泥制成的砂浆或混凝土，坚固耐久，广泛应用于土木建筑、水利、国防等工程。

水泥的历史，可追溯到古罗马人在建筑工程中使用的石灰和火山灰的混合物。拉丁文水泥“caementum”原意，就是“碎石及片石”。18世纪末，英国人用泥灰岩烧制一种棕色水泥，称“罗马水泥”或天然水泥。19世纪初，还是英国人，用石灰石和黏土烧制成水泥，硬化后的颜色与英格兰岛上波特兰地方用于建筑的灰白色石头相似，被命名为“波特兰水泥”，并取得了专利权。20世纪初，法国人利用铝矿石的铁矾土代替黏土，混合石灰岩烧制成了水泥。由于这种水泥含有大量的氧化铝，所以叫做“矾土水泥”。20世纪以来，随着对建筑工程的要求日益提高，在不断改进波特兰水泥的同时，研制成功一批适用于特殊建筑工程的水泥，如高铝水泥、油井水泥、大坝水泥、抗酸水泥、快硬水泥、膨胀水泥等，水泥品种已发展到200多种。2007年，世界水泥年产量约20亿吨。我国1889年在河北唐山开平煤矿附近建立的用立窑生产的唐山“细绵土”厂，是最早的中国水泥厂。1906年在该厂的基础上建立了“启新洋灰公司”，年产“洋灰”（水泥）4万吨。新中国成立后，随着经济建设发展，全国各地都开始兴建水泥厂，当初都沿用国外的“标准”。1952年，我国制订了第一个水泥的全国统一标准，确定水泥生产以多品种多标号为原则，并将“波特兰水泥”按其所含的主要矿物组成，改称为“矽酸盐水泥”，后又改称为“硅酸盐水泥”至今。2007年中国水泥年产量约11亿吨。

水泥的生产，以石灰石和黏土为主要原料，经破碎、配料、磨细制成生料，喂入水泥窑中煅烧成熟料，加入适量石膏（有时还掺加混合材料或外加剂）磨细而成。

我国的水泥，按用途和性能分类，有通用水泥、专用水泥和特性水泥三大类：

通用水泥，指土木建筑工程通常采用的水泥。是按国家标准GB175—1999、GB1344—1999和GB12958—1999规定的六大类水泥，即硅酸盐水泥、普通硅酸盐水泥、矿渣硅酸盐水泥、火山灰质硅酸盐水泥、粉煤灰硅酸盐水泥和复合硅酸盐水泥等。

专用水泥，是指专门用途的水泥。如G级油井水泥，道路硅酸盐水泥等。

特性水泥，是指某种性能比较突出的水泥。如快硬硅酸盐水泥、低热矿渣硅酸盐水泥、膨胀硫铝酸盐水泥等。

按其主要水硬性物质名称来分，水泥有：硅酸盐水泥，即国外通称的波特兰水泥；铝酸盐水泥；硫铝酸盐水泥；铁铝酸盐水泥；氟铝酸盐水泥；以及以火山灰或潜在水硬性材料及其他活性材料为主要组分的“火山灰质水泥”等。

按主要技术特性来分，有快硬性水泥：其中又分为快硬和特快硬两类；水泥的“水化热”性：分为中热和低热两类；抗硫酸盐性水泥：分中抗硫酸盐腐蚀和高抗硫酸盐腐蚀两类；膨胀性水泥：分为膨胀和自应力两类；耐高温水泥：耐高温铝酸盐水泥以水泥中氧化铝含量分级。

关于常用的“六大水泥”，按新国家标准，其标号应实行以MPa表示的强度等级，如32.5、32.5R、42.5、42.5R、52.5、52.5R等，其强度等级的数值与水泥28天抗压强度指标的最低值相同。

常用的水泥，都有通用的“代号”，简单介绍如下：

P.I和P.II：表示硅酸盐水泥，即国外统称的“波特兰水泥”。

P.O：表示普通硅酸盐水泥，简称普通水泥。

P.S：表示矿渣硅酸盐水泥。

P.P：表示火山灰质硅酸盐水泥。

P.F：表示粉煤灰硅酸盐水泥。

P.C：表示复合硅酸盐水泥。

我们一般民众，也会作为消费者使用水泥。专家提醒，正确选用合格的水泥，同时还要配合正确的使用方法。特此提出如下四点建议：

一、要注意砂浆的合理配比。要按照使用的部位，例如抹墙、贴地砖、贴墙砖等选择合适的砂浆比例，每次搅拌好的砂浆，以在两个小时使用完毕为宜。

二、选用建材市场上专用的砂浆用砂，尤其要注意沙子中的含泥量。含泥量高，将降低黏结强度。

三、瓷砖使用前，应充分浸泡后（两小时以上）阴干，避免砂浆因失水而降低强度。地砖宜干铺，墙砖宜湿铺。

四、砂浆搅拌要均匀，拌制砂浆后，建议在2小时30分钟内使用。

混凝土。

混凝土是以胶凝材料、水（或其他液体）、粗细骨料按一定比例配合，经混合后硬化而成的人造石材。根据胶凝材料的不同，有水泥混凝土、沥青混凝土、石灰混凝土和塑料混凝土等。通常建筑工程所说的混凝土，就指水泥混凝土，其中的细骨料（粒径0.15~5毫米）一般为天然沙；粗骨料（粒径大于5毫米）多用砾石和碎石。

混凝土具有原料丰富、价格低廉、生产工艺简单等特点；同时还具有抗压强度高、耐久性好、强度等级范围宽等优点，其使用范围十分宽泛。不仅在各种建筑工程中广泛使用，在造船业、机械工业、海洋的开发、地热工程等领域，混凝土也是重要的工程材料。

混凝土的历史，可以追溯到古老的年代，甚至比水泥更为久远。古埃及的"混凝土"，其所用的胶凝材料为黏土、石灰、石膏、火山灰等。自19世纪20年代出现了"波特兰水泥"后，由于用它配制成的混凝土具有工程所需要的强度和耐久性，而且原料易得，造价较低，特别是能耗较低，因此混凝土就和水泥结下了不解之缘。

20世纪初，有人发表了水灰比等学说，初步奠定了混凝土强度的理论基础。以后，相继出现了轻骨料混凝土、加气混凝土及其他混凝土，各种混凝土外加剂也开始使用。20世纪60年代以来，广泛应用"减水剂"，并出现了高效减水剂和相应的"流态混凝土"；高分子材料进入混凝土材料领域以后，出现了"聚合物混凝土"，多种纤维材料也被用于"分散配筋"的"纤维混凝土"。

水，是混凝土配制中重要的原料。水泥、石灰、石膏等无机胶凝材料，与水拌和后，使混凝土拌和物具有可塑性，进而通过化学和物理化学作用凝结硬化而产生强度。一般说来，符合饮用水标准的水，都可满足混凝土拌和用水的要求。水中过量的酸、碱、盐和有机物，都会对混凝土产生有害的影响。所以，并不是任何水都可以用来配制混凝土的。骨料不仅有填充作用，而且对混凝土的容重、强度和变形等性质有重要影响。

为改善混凝土的某些性质，可加入外加剂。由于掺用外加剂有明显的技术经济效果，它日益成为混凝土不可缺少的组分。为改善混凝土拌和物的和易性或硬化后混凝土的性能，节约水泥，在混凝土搅拌时也可掺入磨细的矿物材料——掺和料。它分为活性和非活性两类。掺和料的性质和数量，影响混凝土的强度、变形、水化热、抗渗性和颜色等。

制备混凝土的要求，配合比设计：制备混凝土时，首先应根据工程对和易性、强度、耐久性等的要求，合理地选择原材料并确定其配合比例，以达到经济适用的目的。混凝土配合比的设计通常按水灰比法则的要求进行。材料用量的计算主要用假定容重法或绝对体积法。

混凝土制备后，搅拌是重要的环节。

根据不同施工要求和条件，混凝土可在施工现场或搅拌站集中搅拌。流动性较好的混凝土拌和物可用自落式搅拌机；流动性较小或干硬性混凝土宜用强制式搅拌机搅拌。搅拌前应按配合比要求配料，控制称量误差。投料顺序和搅拌时间对混凝土质量均有影响，应严加掌握，使各组分材料拌和均匀。

搅拌后的混凝土拌和物可用料斗、皮带运输机或搅拌运输车输送到施工现场。其灌筑方式可用人工或借助机械。采用混凝土泵输送与灌筑混凝土拌和物，效率高，每小时可达数百立方米。无论是混凝土现浇工程，还是预制构件，都必须保证灌筑后混凝土的密实性。其方法主要用振动捣实，也有的采用离心、挤压和真空作业等。掺入某些高效减水剂的流态混凝土，则可不振捣。

混凝土的养护，是影响混凝土质量和应用的最后重要环节，养护的目的在于创造适当的温湿度条件，保证或加速混凝土的正常硬化。不同的养护方法对混凝土性能有不同影响。常用的养护方法有自然养护、蒸汽养护、干湿热养护、蒸压养护、电热养护、红外线养护和太阳能养护等。养护经历的时间称养护周期。为了便于比较，规定测定混凝土性能的试件必须在标准条件下进行养护。中国采用的标准养护条件是：温度为20±3℃；湿度不低于90%。

水泥、混凝土是我们经常接触、应用的常用材料，所以我们多介绍一点使用知识。使用水泥、混凝土，有八忌：

（1）忌受潮结硬。受潮结硬的水泥，会降低甚至丧失原有强度，所以规定，出厂超过3个月的水泥应复查试验，按试验结果使用。对已受潮成团或结硬的水泥，须过筛后使用，筛出的团块搓细或碾细后，一般用于次要工程的砌筑砂浆或抹灰砂浆。对一触或一捏即粉的水泥团块，可适当降低强度等级使用。

（2）忌曝晒速干。混凝土或抹灰，如果操作后便遭曝晒，随着水分的迅速蒸发，其强度会有所降低，甚至完全丧失。因此，施工前必须严格清扫，并充分湿润基层；施工后应严加覆盖，并按规范规定浇水养护。

（3）忌低温受冻。混凝土或砂浆拌成后，如果受冻，其水泥不能进行水化，兼之水分结冰膨胀，则混凝土或砂浆就会遭到由表及里逐渐加深的“粉酥破坏”。因此应严格遵照《建筑工程冬期施工规程》（JGJ104—97）进行施工。

（4）忌高温酷热。凝固后的砂浆层或混凝土构件，如经常处于高温酷热条件下，会有强度损失，这是由于高温条件下，水泥石中的氢氧化钙会分解；另外，某些骨料在高温条件下也会分解或体积膨胀。对于长期处于较高温度的场合，可以使用耐火砖对普通砂浆或混凝土进行隔离防护。遇到更高的温度，应采用特制的耐热混凝土浇筑，也可在水泥中掺入一定数量的磨细耐热材料。

(5) 忌基层脏软。水泥能与坚硬、洁净的基层，牢固地黏结或握裹在一起，但其黏结、握裹强度与基层面部的光洁程度有关。在光滑的基层上施工，必须预先“凿毛、砸麻、刷净”，方能使水泥与基层牢固黏结。基层上的尘垢、油腻、酸碱等物质，都会起隔离作用，必须认真清除洗净之后先刷一道“素水泥浆”，再抹砂浆或浇筑混凝土。

水泥在凝固过程中要产生收缩，且在干湿、冷热变化过程中，它与松散、软弱基层的体积变化极不适应，必然发生空鼓或出现裂缝，从而难以牢固黏结。因此木材、炉渣垫层和灰土垫层等都不能与砂浆或混凝土牢固黏结。

(6) 忌骨料不纯。作为混凝土或水泥砂浆骨料的砂石，如果有尘土、黏土或其他有机杂质，都会影响水泥与砂、石之间的黏结握裹强度，因而最终会降低抗压强度。所以，如果杂质含量超过标准规定，必须经过清洗后方可使用。

(7) 忌水多灰稠。人们常常忽视用水量对混凝土强度的影响。施工中为便于浇捣，有时不认真执行配合比，而把混凝土拌得很稀。由于水化所需要的水分仅为水泥重量的20%左右，多余的水分蒸发后便会在混凝土中留下很多孔隙，这些孔隙会使混凝土强度降低。因此在保障浇筑密实的前提下，应最大限度地减少拌合用水。

许多人认为抹灰所用的水泥，其用量越多抹灰层就越坚固。

其实，水泥用量越多，砂浆越稠，抹灰层体积的收缩量就越大，从而产生的裂缝就越多。一般情况下，抹灰时应先用1:3到1:5的粗砂浆抹找平层，再用1:1.5到1:2.5的水泥砂浆抹很薄的面层，切忌使用过多的水泥。

（8）忌受酸腐蚀。酸性物质与水泥中的氢氧化钙会发生中和反应，生成物体积松散、膨胀，遇水后极易水解粉化，致使混凝土或抹灰层逐渐被腐蚀解体，所以水泥忌受酸腐蚀。

在接触酸性物质的场合或容器中，应使用耐酸砂浆和耐酸混凝土。矿渣水泥、火山灰水泥和粉煤灰水泥均有较好耐酸性能，应优先选用这三种水泥配制耐酸砂浆和混凝土。严格执行耐酸腐蚀的工程中不允许使用普通水泥的规定。

3.8 “一克千金”的纳米材料

在前面讲到生物陶瓷时，介绍了我国自主知识产权研发的“纳米人造骨”材料，可以“断骨再生”。究竟这“纳米”为什么这么神奇呢？

纳米，如今大家已不陌生，在家电、医药、美容、冰箱、洗衣机的广告中，经常可见到关于应用纳米材料的“防腐、防霉、保鲜、抗污染、高渗透性、高效、高强……”诸多性质的介绍。但是，很多人对这具有“神功奇效”的纳米材料、纳米技术，还是有点说不清楚、讲不明白。

纳米，本意是一长度尺寸单位，表示十亿分之一米（10^{-9}米），相当于三四个原子的宽度，用“nm”来表示。一根直径0.1毫米

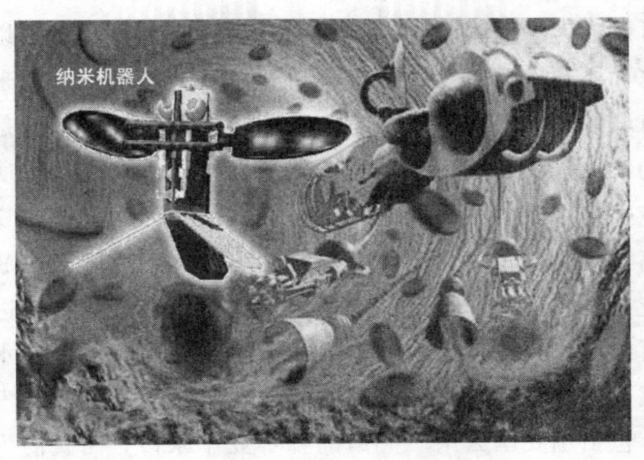

纳米机器人

的头发，用纳米来量度就是10万纳米（100000nm）。这样的尺寸度量单位，显然在我们的日常生活中是难以量度计较的，没有什么实用意义，你要扯2米衣料，对售货员说扯20亿纳米……人家一定认为你“有病”。但是，在化学、物理学和材料科学上恰有意义重大。研究决定物质性能的物质结构时，在原子、分子范畴，就用得上纳米来计量了。因为，大部分的原子、分子就是几纳米到几百纳米大小。现代物理、化学的发展使我们知道，物质由分子、原子、质子、电子、中子……乃至中微子、夸克、反粒子组成，物质的性能是由这些基本粒子的不同组织结构决定的。我们通常认为，分子是保留物质性能的最小单位，冰糖是甜的，砂糖是甜的，绵白糖也是甜的，因为糖分子是甜的。可是我们并没有真正尝过分子大小的糖，因为我们没能制造出分子大小的糖颗粒。我们对物质的认识，通常是对宏观的原子分子集团物质的认识。这似乎是个技术问题，不会影响我们对物质的基本认识。但是当我们把物质越磨越细后，物质开始表现出一些新的性能。如一般的铝粉是烧不起来的，而超细的铝粉，可以成为“固体燃料”。咖啡磨细到一定细度后，可以完全溶于水而不再有渣。从科学上来讲，这些新的性能与原来的性能是有联系的，只是原来没有充分表现出来。铝本来就是容易氧化的物质，但形成的三氧化二铝会保护铝不再氧化，所以氧化反应不会很剧烈。但超细铝粉表面积大，同时反应就积聚高温，高温又破坏了氧化层使反应连续下去，形成剧烈的放热氧化反应。剧烈的氧化反应就是燃烧，可以用来熔化金属进行焊接，可以用作火箭的固体燃料。而咖啡磨细后，可以在水中悬浮不沉下去就没有渣了。国外的速溶咖啡靠这磨细的技术大大赚钱，包括用我国云南、海南的咖啡豆作原料。而我们为什么磨不细呢？原来靠机械物理方法磨到一定细度后很难再细下去了，这当中涉及很多物理、化学原因。长期以来，把物质分离成超细颗粒的努力，一直没有重大突破，直到20世纪80年代，科学家利用气相沉淀等物理化学方法，终于制取成功不多的1nm~100nm大小的纳米级颗粒材料。就是这不多的纳米材料，使我们真正开始研究分子尺寸的物质，并掀起了“纳米热潮”。研究发现，纳米材料的性能大大不同于原来的物质，如本来化学性稳定的变成非常活泼；本来绝缘不导电的变成导电体或半导体；本来强度不大、硬度不高的变得坚韧无比，硬度甚至超过金刚钻；纳米金属材料居然可以燃烧、爆炸……同样的材料，成为纳米材料后，似乎有了新的物理、化学性能，确实令人大吃一惊。

为什么物质到了纳米尺寸大小会出现这些与原来性能大不相同的新性能呢？难道它们的原子结构发生了变化吗？科学家研究发现，物质以纳米尺寸的超微状态存在时，有三大效应：表面效应、小尺寸效应和量子效应。就是这三大效应使纳米材料有了种种神奇的新功能。

表面效应，是指纳米材料的表面特别大，所以各种物理、化学反应可以充分、全面、迅速进行。物理、化学作用都是由表及里，而且表面和内部还会相互牵制，影响作用的速度和深度。而超微颗粒的表面趋于最大化，一克铜的纳米颗粒，表面积可相当于一个足球场，物理、化学反应同时全面进行，其表现出来的性能自然不同于凝聚一体的一颗“铜粒”。

小尺寸效应，是指纳米材料只有原子、分子大小（1nm~100nm)，这么小的尺寸，不仅可以悬浮，还可以渗透进入其他物质的孔隙，甚至进入其他物质的内部组织结构空隙，可以说是无孔不入、无处不在。而且在温度、压力等环境条件变化时更为敏感、活跃。进行各种物理、化学反应的“主动积极性”更大。

量子效应，是指纳米材料这样的超微颗粒，其分子、原子结构中的各种粒子的相互关系，也就是各种力的作用（万有引力、电磁力、强作用力、弱作用力），不再是“内部关系”，开始会有“量子级”的相互作用、相互影响，同时也会受其他物质的“量子”影响，而且原来大量集合时相互牵制、抵消的作用也不再存在，使它们的“个性”更为充分表达。于是我们又发现了它们的新性能。

这三大效应，实质是物质材料“个性”的充分表达。以前我们认识的是物质材料大量集结时表现出的“群体性能”，是一种综合的“共性”，与“个性”有关，但“个性”表达不充分，如今纳米材料的“个性”让我们大开眼界、大长见识，也发现了应用的广阔前景。

但是，纳米材料的制取，并非想象中那么容易，一般的机械粉碎、研磨，根本得不到“纳米级”超细微颗粒，必须有针对性的、专门特殊的高技术物理化学设施，才能制取“纳米材料”。目前，纳米材料还没有成熟的规模生产手段，不同材料的纳米级超微粒的制取仍是一道难关。目前的纳米材料制造成本相当高，人称“一克千金”并没有夸张。而要进一步推动纳米科学和纳米技术的研发深化，必须有充分足够的纳米材料作基础，所以世界各国，都把“高效制取纳米材料”作为纳米科技研发的重要先导基础项目。最近，纳米材料在陶瓷材料、生物工程、微电子技术、化工、医药等方面的研究开发，已有了可喜的进展，不同的纳米材料，确实有许多意想不到的神奇性能。如“纳米陶瓷”，既保持了陶瓷的耐高温、抗腐蚀、坚硬耐磨和化学稳定等传统优点，又具有金属般的柔韧性和可加工性；“纳米电子材料”的超强信息储存和处理能力，使科学家对新一代电子计算机速度和能力提高上百万倍，充满了信心。“纳米光电材料”又使科学家对大功率高效激光器以及“超距雷达”和“监测、通信卫星”信心百倍。而“纳米导电涂料”、“纳米防紫外、防静电材料”将对纺织、造纸、印刷、轻化工等领域引发深刻的“产品革命”创新。医学上，用金纳米粒子进行“定位病变”治疗，利用纳米粒子进行“细胞分离”和“病毒诱导”，都已取得了突破性的进展。“纳米人工骨”，已成功地帮助病人“断骨再生”。用于超大规模集成电路芯片与电子元件连接，只有头发丝5万分之一粗细的纳米级“同轴电缆”，已研制成功……科学家预言，纳米科技将引发一次新的技术革命，并将在21世纪成为一场新的产业革命。但是，真正的广泛应用纳米材料，并非指日可待，可能还得奋斗三五年。而目前的纳米产品广告宣传，可以讲，大多是在打概念牌，有言过其实、哗众取宠之嫌。试想，一帖膏药，号称使用了纳米材料，且不说功能、效用如何，其“一克千金”的制作成本，如何消化？

20世纪的骄傲

高分子材料，在20世纪30年代才开始作为人工合成的新型材料，用于制造工业产品。而现在，被称为高分子三大合成材料的塑料、合成纤维和合成橡胶，已广泛应用于生产、工作和生活的方方面面，并逐渐在各个领域挑战钢铁、木材、棉麻等传统材料，其生产规模在体积上已超过金属产量的总和，高分子材料已成为当今不可缺少的重要材料。

虽然，由于“白色污染”以及“DEHA”的危害作用等等，塑料和高分子材料被有的人视为“病害”。但是，高分子材料以

塑料制品

它日益扩大、乃至难以替代的功能和无比的优越性，迅猛发展，从“人工合成”走向“人工设计”，不仅无愧于“20世纪的骄傲”的誉称，而且在21世纪的材料世界中，依然风光无限。

4.1 高分子材料的“高”

我们说的高分子材料，是指人工合成的高分子有机化合物材料。有机化合物就是碳元素的化合物，除了碳以外，还有氢、氧、氮等元素。之所以称之为“高分子”，是这些有机化合物的分子都是长链结构，分子量很大，至少在一万以上，高的可达几百万、上千万。高分子材料的“高”，就在于它的分子量“高”。通常这些高分子长链，是由很多小分子有机化合物聚合而成，所以高分子材料又可称“聚合物材料”或“高聚物材料”。常用的高分子合成塑料，就有聚乙烯 (PE)、聚苯乙烯 (PS)、聚氯乙烯 (PVC)、聚丙烯 (PP) 四大品种。

天然高分子，是生命起源和进化的基础，高分子是生命存在的形式。所有的生命体都可以看作是高分子的集合体。草木花果，飞禽的羽毛，牛羊的角、蹄，人的细胞、皮肤、器官……都是天然高分子。人类社会，一直就利用天然高分子材料作为生活资料和生产资料，并熟悉、掌握其加工技术。如利用蚕丝、棉、毛织成织物，用竹、木、棉、麻造纸等。19世纪30年代末期，进入天然高分子“化学改性”阶段，出现半合成高分子材料。1907年出现合成高分子酚醛树脂，标志着人类应用合成高分子材料的开始。20世纪30年代以来，高分子材料作为人工合成的新型材料，开始用于制造工业产品，被称为高分子三大合成材料的塑料、合成纤维和合成橡胶，已广泛应用于生产、工作和生活的方方面面。现代，包括橡胶、塑料、纤维、涂料、胶黏剂和高分子基复合材料的高分子材料，已与金属材料、无机非金属材料相提并论，成为科学技术发展、经济建设中的重要材料，并逐渐在各个领域挑战钢铁、木材、棉麻等传统材料，其生产规模在体积上已超过金属产量的总和，高分子材料已成为当今不可缺少的重要材料。

人工合成高分子材料的起源，可以追溯到天然高分子材料的“化学改性”，如把棉纤维经化学处理后形成的“赛璐珞”和虫胶“胶片”等。而真正发明合成高分子材料，则是一个“无意有心”的故事。

早在1872年，德国化学家阿道夫·冯·拜尔就发现，进行苯酚和甲醛反应的玻璃试管底部，总有些难以清理的顽固残留物。但他关心的是反应产生的“合成染料”，无意去深究那黏糊糊的不溶解物质，只是抱怨试管黏上这讨厌的残渣，不及时清理就不能再用了。32年后，美籍比利时人列奥·亨德里克·贝克兰也开始研究这种反应。最初是为得到的一种溶胶液体“苯酚—甲醛虫胶”，反应烧瓶底部也有那种糊状的黏性物。他就有心想弄明白，这令人讨厌的黏糊糊残留物，究竟是什么东西？工夫不负有心人，他发现这是一种合成的新高分子物质。贝克兰将它用自己的名字命名为“贝克莱特”，学名“酚醛塑料”。1907年，7月14日，他注册了“酚醛塑料”的专利。贝克兰十分幸运，英国化学家詹姆斯·斯温伯恩爵士提交的“酚醛塑料”专利申请，仅比他晚了一天。否则，塑料的发明者就不是贝克兰了。也许，更该懊恼的是三十多年前的德国人拜尔，为什么当时会“无意”那黑乎乎的残留物，与酚醛塑料失之交臂。其实科学技术上的很多发现、发明，都是在有心、无意之间产生。看似偶然，实则有科学的必然性。贝克兰不仅“有心”，还“只争朝夕”地努力工作，才有这“早一天”的收获。

因为酚醛塑料绝缘、稳定、耐热、耐腐蚀和不可燃等优异性能，贝克兰把酚醛塑料称为“千用材料”。当时，在迅速发展的汽车、无线电和电力工业中，用于制作插头、插座、收音机和电话外壳、螺旋桨、阀门、齿轮、管道；在家庭中，它可用于制造桌面、按钮、刀柄、台球、把手、烟斗、保温瓶、电热水瓶、钢笔和人造珠宝……俗称“电木”的酚醛塑料开始风行全球。酚醛塑料，简直成了20世纪的“炼金术”，从煤焦油那样的廉价资源中，竟可提炼出用途如此广泛的材料，真是惊世奇迹。1940年5月，美国《时代》周刊，将贝克兰称为“塑料之父”，这誉称一直流传至今。当然，酚醛塑料也有缺点，它受热会变暗，只有深褐、黑或暗绿3种颜色，而且强度不高容易摔碎。酚醛塑料，作为人工合成高分子材料的“第一”材料，在目前更多、更好的“后辈”塑料不断涌现的时代，“功成名就”正逐渐退出历史舞台。

高分子材料，按特性分类，有橡胶、纤维、塑料、高分子胶黏剂、高分子涂料和高分子基复合材料等。

橡胶，是一类“线型”柔性高分子聚合物。其分子链间的结合力较小，分子链柔性好，在外力作用下可产生较大变形，外力去除后能迅速恢复原状。橡胶通常分为天然橡胶和合成橡胶两种。

高分子纤维，分为天然纤维和化学纤维。前者指蚕丝、棉、麻、毛等。后者是以天然高分子或合成高分子为原料，经过“纺丝”和“后处理”制造而成。

塑料，是以合成树脂或化学改性的天然高分子为主要成分，再加入填料、增塑剂和其他添加剂制造而成。通常，按合成树脂的特性，分为热固性塑料和热塑性塑料；按用途，又分为通用塑料和工程塑料。

高分子胶黏剂，是以合成天然高分子化合物为主体制成的胶黏材料。分为天然和合成胶黏剂两种。应用较多的是合成胶黏剂。

高分子涂料，是以聚合物为主要成膜物质，添加溶剂和各种添加剂制造而成。根据成膜物质不同，分为油脂涂料、天然树脂涂料和合成树脂涂料。

高分子基复合材料，是以高分子化合物为基体，添加各种增强材料制造而成的一种复合材料。它综合了原有材料的性能特点，并可根据需要进行“材料设计”。

4.2 家家离不开的塑料

塑料，在合成高分子材料中首先脱颖而出，也是应用最为广泛的高分子材料。材料科学中，塑料是指利用单体原料以合成或缩合反应聚合而成的材料，由合成树脂及填料、增塑剂、稳定剂、润滑剂、色料等添加剂组成的合成高分子材料，它的主要成分是合成树脂。塑料一般分为通用塑料和工程塑料两大类。

通用塑料，是指产量大、价格低、应用广泛的塑料。如聚乙烯（PE）塑料、聚氯乙烯（PVC）塑料、聚丙烯（PP）塑料等等。制品有各种管材、板材、容器、家具、家电零件、“泡沫”、薄膜、包装袋等等。

工程塑料，是指机械性能好，可替代金属、木材、水泥等材料，用作机、电、建筑等工程材料的塑料。包括聚酰胺、聚甲醛、聚磷酸酯、改性聚苯酸和热塑性聚酯五大工程塑料。

就在我们的家中，你也可以轻易地找到几十件乃至上百件通用塑料和工程塑料用品。你试试看，从衣、食、住、行开始，扣子，拉链，拖鞋，碗，碟，罐，盒，衣钩，门窗，桌椅，自行车（从手把、坐垫到踏脚），汽车（也从内装饰件、零部件到“全塑”外壳）以及电话机壳，电视机壳，音箱，电脑鼠标，键盘，再加上糖果、蔬菜、水果的包装，玩具……所以，有人说，“人类已经离不开塑料了”，丝毫没有夸张。

但是，塑料这种全方位“服务”民众的新材料，恰经常出现“名声不佳”的问题。20世纪初，塑料问世不久，就有人以“价廉无好货”来攻击它，认为塑料代替木材、金属等材料是“冒充”、“虚伪”，称它“平庸”、“低级”，哀叹塑料台球替代了象牙台球“无法赢得高贵”。作家在小说中说：“在一个酚醛塑料的屋子里，盘子倒是打不碎，但心会碎。”甚至“塑料”在英语中，都含有“易变化、不真实和不自然”的感情色彩，暗指“虚伪或欺骗”……以至到如今21世纪，还有人不喜欢塑料。好在价廉物美的塑料，并不理会一些人的“心碎”和“不平衡”，以它的大众化、多功能而发展迅猛，成为材料世界不可或缺的“后起之秀”。

现在的塑料，绝大部分以合成树脂为基础，再加入各种添加剂而形成，称为“多组分塑料”；部分塑料不再加入其他添加剂，直接由树脂组成，称为“单组分塑料”，如常见的聚乙烯、聚苯乙烯和尼龙等。

下面介绍一些常用的塑料：

聚乙烯（PE），属热塑性塑料，为白色或白色半透明固体。

聚乙烯塑料耐蚀抗寒，无毒无味，透气不透水，柔软，电绝缘性好，易成形加工和焊接。但耐热性差，易老化、变色、变形。广泛用作化工容器内衬、电绝缘器材、食品包装、阀门、管道等，是塑料中产量大、应用广的常用塑料。

聚氯乙烯 (PVC)，是塑料中产量最大的一种通用塑料，属热塑性塑料，为白色或淡黄色粉粒，易加工成形和焊接，有优良的耐水、耐油、耐腐蚀和电绝缘性。但易老化，不耐寒，韧性较差。通过调整增塑剂，可得到软、硬两类聚氯乙烯塑料。软质聚氯乙烯主要用于制作人造革、包装薄膜、电线电缆绝缘层、塑料鞋和非饮食生活用品等；硬聚氯乙烯主要用作化工、建筑、纺织等工业设备容器、管道和壳体，以及玩具等非饮食用品。

聚苯乙烯 (PS)，属热塑性塑料，无色透明，力学性能较高，尺寸稳定性好，耐光、耐水、耐蚀性和电绝缘性好，但耐热性和冲击韧性较差，有脆性。主要用于制作仪器和仪表壳体、灯罩、光学仪器、电器元件、化工设备零部件以及各种模型。聚苯乙烯可加工成泡沫塑料，用作隔热、隔音和防震材料。

ABS，这是一种改性聚苯乙烯塑料，由苯乙烯、丙烯腈、丁二烯共聚而成。ABS具有良好的耐蚀性、电绝缘性和耐热性，加工工艺性良好，是一种在机械、电气、化工和汽车工业中得到广泛应用的重要塑料。

尼龙 (PA)，即聚酰胺塑料，是白色或淡黄色不透明的热塑性塑料，有优良的耐蚀性、耐磨性和自润滑性，加工工艺性良好，但吸水性较强，尺寸稳定性较差，是一种得到广泛应用的重要工程塑料。因聚合的胺基不同，可得到不同的尼龙品种。主要用于制造齿轮、滑动轴承、传动零件、管道、容器和网缆等。

有机玻璃 (PMMA)，即聚甲基丙烯酸甲酯，是一种热塑性塑料，透光性好 (透光率达92%)，密度仅为玻璃的一半，但强度比普通玻璃高7~8倍，有良好的着色性，较好的抗老化、抗裂纹和加工性。缺点是硬度较低，易擦伤，热膨胀系数较大和耐热性较差。主要用作汽车、飞机和客轮座舱的防震防弹玻璃，还用作各种装饰用品和模型制造。

聚四氟乙烯 (PTTE)，是有“塑料王”之称的重要工程塑料。它是一种白色半透明固体，具有优异的耐蚀性、耐老化和电绝缘性，不吸水、不燃烧，在所有塑料中摩擦系数最小，可长期在-180℃到250℃的大温度范围内工作，并有很高的化学稳定性和热稳定性。但热膨胀系数大，耐辐射性较差。聚四氟乙烯是化工、国防、电子和航空航天等工业的重要工程材料。

氨基塑料，是由氨基树脂配加添加剂形成的热固性塑料，硬度高、耐磨、耐油、耐溶剂、抗腐蚀，无色、无臭、无毒，着色性好，成本低。广泛应用于建筑、轻工和制造各种生活用品，例如电话、电视机、汽车、玩具和家庭饰品。氨基塑料中的脲醛塑料，色泽晶莹如玉，故又称“电玉”，用于制造玩具、装饰件、绝缘件和一般机械零件。

4.3 塑料怎么“塑”？

塑料的诸多性能中，“塑性好”是其突出的优点。也正因为塑料的塑性好，所以塑料的加工成型也有自己的特点。下面介绍几种塑料的常用成型加工工艺。

注塑成型，也称注射成型，是用专门的注塑机和注塑模进行加工的工艺。颗粒或粉末状的塑料原料，经注塑机的料斗由注射柱塞推入料筒，在料筒内被加热成熔融流态，再由柱塞将熔融的塑料通过喷嘴进入闭合的注塑模中，冷却后塑料固化成型，即可开模取出产品。

注塑成型的产品，尺寸、形状精确，注塑过程自动化程度高，可以塑制各种形状复杂和带金属嵌件的塑料制品。主要用于“热塑性塑料”和热态流动性较好的“热固性塑料”，适于大批量生产的制品，如电视机、吸尘器外壳，泵体，瓶罐容器和玩具等。

压塑成型，也称压制成型，分模压和层压两种方法。

模压法，是将颗粒或粉末状的塑料原料，直接充填在模压模具内加热软化，然后加压，塑料在模具中冷却固化成型，脱模后即得成品。

层压法，是将经树脂浸渍的片状骨料（纸、布、玻璃纤维等），在层压机上叠层加热加压，冷却固化后形成多层、多成分的复合增强塑料制品。通常，先用层压法加工成各种板、棒、管等型材，再经切削加工，制成形状较复杂的工件。

压制成型制品的尺寸、形状精确，质量、性能稳定，可以生产各种形状复杂的制品。但生产率不高，成本较高。主要用于热固性塑料和热态流动性较差的热塑性塑料，如聚四氟乙烯等制品的生产。

挤塑成型，也称挤压成型，是将颗粒或粉末状的塑料原料，经料斗通过螺杆导行进入料筒，在料筒内被加压加热，最后通过机头和口模挤压成型，在口模外冷却固化后，即得制品。

挤塑成型适用于热塑性塑料，是塑料成型加工工艺中应用最多的方法。主要用于生产批量大而形状连续的塑料制品和板材、管材、棒材等塑料型材。

吹塑成型，是用压缩空气把熔融的塑料坯料，在吹塑模中

"吹"成中空塑料制品的成型方法。

通常，坯料先由挤塑或注塑制成，热态即送入吹塑模，再通入压缩空气，使坯料膨胀变形，冷却硬固后出模，即得制品。吹塑成型，只适用于热塑性塑料，广泛应用于瓶、罐、筒等薄壁中空塑料制品的生产。

浇塑成型，又称浇铸成型或浇注成型，是将液态塑料原料配加固化剂或催化剂后，浇注入铸模，在常温常压或低压加热条件下，固化成型，冷却脱模即得制品。一般的热塑性和热固性塑料，都可采用浇塑成型。浇塑成型的设备较简单，但生产率低，适用于中小批量生产、尺寸较大的塑料制品。

除上述工艺方法外，塑料还可以用喷涂、浸渍、黏贴等"覆盖工艺"，制成其他材料的"塑面制品"。此外，塑料制品表面，也可以电镀金属或涂漆成"塑芯制品"。

塑料，也可以进行车、铣、刨、磨等切削加工。但塑料的塑性好、韧度高，而强度和硬度低，导热性和耐热性差，热胀冷缩大，切削加工时易变形、开裂或分层，影响加工质量。因此加工塑料的刀具都要专门设计，加工时应提高切削速度、降低进给量，并保证充分的冷却和润滑。

4.4 从"的确良"到"凯夫拉"

我国民众，在20世纪五六十年代开始认识"化学纤维"，那时的确良衬衫是"时尚服装"，而"涤卡"中山装更属正式的"礼仪服装"。如今21世纪，五光十色的各种合成纤维衣料令人

纤维彩图，合成纤维制品图片

目不暇接，还有什么“蛋白纤维”、“牛奶纤维”、“玉米纤维”、“大豆纤维”……更是使人眼花缭乱。近年，人们开始“返璞归真”，崇尚丝绸、纯棉等天然纤维了。但是，化学纤维的发展依然势不可挡，因为天然纤维要依赖大自然风调雨顺，生产周期又长，一旦遭遇“不测风云”天灾虫祸，往往难如人意。而化学纤维，特别是合成纤维，一切都在我们掌控之中，而且性能不断人性化、功能化，不仅舒适、美观，还有防辐射、调温、变色等等“特异功能”，能不逗人爱吗？而“特种纤维”更是令人惊奇，那号称“装甲卫士”的“凯夫拉”合成纤维复合材料，居然可以“刀枪不入”防中子弹！对于化学纤维，特别是新一代的合成纤维，应当刮目相看，它的用途早已超越衣料的范畴了。我们先来了解了解化学纤维。

化学纤维，是用天然高分子化合物或人工合成的高分子化合物为原料，经过制备纺丝原液、纺丝和后处理等工序，制得的具有纺织性能的纤维。化学纤维又分为人造纤维和合成纤维两大类：

人造纤维，以天然高分子化合物（如纤维素）为原料制成的化学纤维，如粘胶纤维、醋酯纤维等。

合成纤维，以人工合成的高分子化合物为原料制成的化学纤维，如聚酯纤维、聚酰胺纤维、聚丙烯腈纤维等。化学纤维具有强度高、耐磨、密度小、弹性好、不发霉、不怕虫蛀、易洗快干等优点，但其缺点是染色性较差、静电大、耐光和耐候性差、吸水性差。

人造纤维，主要有粘胶纤维、硝酸酯纤维、醋酯纤维、铜铵纤维和人造蛋白纤维等，其中粘胶纤维又分普通粘胶纤维和有突出性能的新型粘胶纤维（如高湿模量纤维、超强粘胶纤维和永久卷曲粘胶纤维等）。

合成纤维，主要有聚酰胺6纤维（我国称锦纶或尼龙6），聚丙烯腈纤维（我国称腈纶），聚酯纤维（我国称涤纶），聚丙烯纤维（我国称丙纶），聚乙烯醇缩甲醛纤维（我国称维纶）以及特种纤维（包括用四氟乙烯聚合制成的耐腐蚀纤维，耐200℃以上温度的耐高温纤维，强度大、模量大的高强度、高模量纤维，以及难燃纤维、弹性体纤维、功能纤维等）。20世纪50年代，开展合成纤维的改性研究，主要是用物理或化学方法改善合成纤维的吸湿、染色、抗静电、抗燃、抗污、抗起球等性质，同时还发展了化学纤维的品种。

化纤的纤维的长短、粗细、白度、光泽等性质，在生产过程中可以调节，以获得耐光、耐磨、易洗易干、不霉烂、不被虫蛀等不同优良性能。化纤广泛用于制造服装织物、滤布、运输带、水龙带、绳索、渔网、电绝缘线、医疗缝线、轮胎帘子布和降落伞等。纤维的制取，一般是将高分子化合物制成溶液或熔体，从喷丝头细孔中压出，再经凝固而成纤维。制成的纤维，可以是连绵不断的“长丝”，或截成一定长度的“短纤维”；或未经切断的“丝束”等。关于化学纤维的商品名称，我国暂行规定：合成短纤维一律名“纶”（例如锦纶、涤纶）；纤维素短纤维一律名“纤”（例如粘纤、铜氨纤）；长丝则在末尾加一“丝”字，或将“纶”、“纤”、改为“丝”。

常用的合成纤维，有涤纶、锦纶、腈纶、氯纶、维纶、氨纶等。

涤纶，学名“聚对苯二甲酸乙二酯”，简称聚酯纤维。涤纶是我国的商品名称，国外称“大可纶”、“特利纶”、“帝特纶”等。

涤纶的最大特点，是它的弹性比任何纤维都高，强度和耐磨性较好，纺织的面料牢度不但比其他纤维高出3~4倍，而且挺括、不易变形，有“免烫”的美称。涤纶的耐热性也较强，具有较好的化学稳定性，在正常温度下，都不会与弱酸、弱碱、氧化剂发生作用。缺点是吸湿性极差，纺织的面料穿在身上发闷、不透气。另外，由于纤维表面光滑，纤维之间的抱合力差，经常摩擦之处易起毛、结球。

由于涤纶原料易得、性能优异、用途广泛，发展非常迅速。现在的产量已居化学纤维的首位。

锦纶，学名“聚酰胺纤维”，有锦纶—66，锦纶—1010，锦纶-6等不同品种。锦纶在国外又称“尼龙”、“耐纶”、“卡普纶”、“阿米纶”等。锦纶是世界上最早的合成纤维品种，由于性能优良、原料资源丰富，一直是合成纤维中产量最高的品种。直到1970年以后，由于聚酯纤维（涤纶）的迅速发展，才退居合成纤维的第二位。

锦纶的最大特点是强度高、耐磨性好，它的强度及耐磨性居所有纤维之首。其缺点与涤纶一样，吸湿性和通透性都较差。在干燥环境下，锦纶易产生静电，短纤维织物也易起毛、起球。锦纶的耐热、耐光性都不够好，熨烫承受温度应控制在140℃以下。锦纶的保形性差，用其做成的衣服易变形，不如涤纶挺括，但它可以“贴身附体”，是制作各种“体形衫”的好材料。

腈纶，学名“聚丙烯腈纤维”。国外又称“奥纶”、“考特尔”、“德拉纶”。

腈纶的外观酷似羊毛，蓬松、卷曲、手感柔软又呈白色，多用来和羊毛混纺或作为羊毛的代用品，故又被称为“合成羊毛”。

腈纶的吸湿性不够好，但润湿性却比羊毛、丝纤维好，它的耐磨性是合成纤维中较差的。腈纶纤维的熨烫承受温度在130℃以下。

维纶，学名“聚乙烯醇缩甲醛纤维”。国外又称“维尼纶”、“维纳尔”等。

维纶洁白如雪、柔软似棉，因而常被用作天然棉花的代用品，人称“合成棉花”。维纶的吸湿性是合成纤维中吸湿性最好的，耐磨性、耐光性、耐腐蚀性也都较好。

氯纶，学名“聚氯乙烯纤维”。国外有“天美龙”、“罗维尔”之称。

氯纶的优点较多，耐化学腐蚀性强，保温性强，导热性能比羊毛还低，电绝缘性较高，难燃。另外，它还有一个突出的优点，即用它织成的内衣裤，可治疗风湿性关节炎或其他伤痛，而对皮肤无刺激性或损伤。氯纶的突出缺点，是耐热性极差。

氨纶，学名“聚氨酯弹性纤维”，国外又称“莱克拉”、“斯潘齐尔”等。它是一种具有特别弹性的化学纤维，目前已成为发展最快的一种弹性纤维。

氨纶弹性优异。而强度比乳胶丝高2~3倍，线密度也更细，并且更耐化学降解。氨纶的耐酸碱性、耐汗、耐海水性、耐干洗性、耐磨性均较好。

氨纶纤维一般不单独使用，而是少量地掺入织物中，如与其他纤维合股或制成包芯纱，用于织制弹力织物。

下面，再介绍一些特种纤维。特种纤维，是指具有耐腐蚀、耐高温、难燃、高强度、高模量等一些特殊性能的新型合成纤维。特种纤维除作为纺织材料外，广泛用于国防工业、航空航天、交通运输、医疗卫生、海洋水产和通信等部门。主要品种有：

耐腐蚀纤维，是用四氟乙烯聚合制成的含氟纤维，1954年在美国试制成功，商品名特氟纶（Teflon），我国称氟纶。聚四氟乙烯熔点327℃，极难溶解，化学稳定性极好，在王水、酸液和浓碱液中沸煮而不分解，除在高温下经过高度氟化过的试剂外，几乎不溶于任何溶剂。氟纶织物主要用作工业填料和滤布。

耐高温纤维，有聚间苯二甲酰间苯二胺纤维、聚酰亚胺纤维等，其熔点和软化点高，长期使用温度在200℃以上也能保持良好的性能。

高强度高模量纤维，指强度大、模量大的合成纤维。如1968年美国研制的凯夫拉，是将聚对苯二甲酰对苯二胺制成液晶溶液，通过干—湿法纺丝制成的纤维，我国称“芳纶1414”，可用作飞机轮胎帘子线和航天、航空器材的增强材料。以粘胶纤维、腈纶纤维、沥青为原料经高温碳化、石墨化可以得到高强度、高模量碳纤维。用碳纤维制成的复合材料，是制造宇宙飞船、火箭、导弹、飞机的结构材料，在原子能、冶金、化工等工业部门和体育运动器材方面也有广泛的应用。

难燃纤维，在火焰中难燃，可用作防火耐热帘子布、绝热材料和滤材等，如酚醛纤维、PTO纤维等。

弹性体纤维，断裂伸长率在400%以上，拉伸外力除去后能快速恢复至原来长度。弹性纤维的代表品种是聚氨酯纤维，我国称“氨纶”。弹性纤维可制紧身衣、游泳衣、松紧带、袜子罗口、外科手术用品等。

功能纤维，是通过改变纤维形状和结构，使其具有某种特殊功能的纤维。如将铜铵纤维或聚丙烯腈纤维制成中空形式，可用作医疗上人工肾透析血液病毒的材料。聚酰胺66中空纤维用作海水淡化透析器，聚酯中空纤维用作浓缩、纯化和分离各种气体的反渗透器材等。

上面提到的“凯夫拉”，有必要专门介绍介绍。

凯夫拉，是20世纪60年代，美国杜邦公司研制出的一种新型复合材料。这是一种芳纶复合材料。由于这种新型材料密度低、强度高、韧性好、耐高温、易于加工和成型，受到人们的重视。由于凯夫拉材料坚韧耐磨、刚柔相济，具有“刀枪不入”的特殊本领，在军事上被称为“装甲卫士”。众所周知，坦克、装甲车已成为现代陆军的重要装备。由于这两种兵器都具有坚硬的“装甲”，在战争中可以摧寨拔营、所向披靡。有了矛就出现了盾，有了坦克、装甲车之后，就发明了反坦克炮、反坦克导弹。而反坦克武器的出现，又促使人们改进坦克、装甲车的装甲性能。通常，要提高坦克、装甲车的防护性能，就要增加金属装甲的厚度，这样势必影响它的灵活机动性能。凯夫拉材料的出现，使坦克、装甲车的防护性能提高到了一个崭新的阶段。凯夫拉薄板与钢装甲结合使用更是威力无比。如果采用“钢·芳纶·钢”型复合装甲，能防穿甲厚度为700毫米的反坦克导弹，还可防中子弹。与玻璃钢相比，在相同的防护情况下，用凯夫拉材料时，重量可以减少一半，并且凯夫拉层压薄板的韧性是钢的3倍，经得起反复撞击。

目前，凯夫拉层压薄板与钢、铝板的复合装甲，不仅已广泛应用于坦克、装甲车，而且用于核动力航空母舰及导弹驱逐舰，使上述兵器的防护性能及机动性能均大为改观。凯夫拉与碳化硼等陶瓷的复合材料，是制造直升机驾驶舱和驾驶座的理想材料。据试验，它抵御穿甲子弹的能力比玻璃钢和钢装甲好得多。为了提高战场人员的生存能力，人们对防弹衣的研制越来越重视。凯夫拉材料还是制造防弹衣的理想材料。据报道，用凯夫拉材料代替尼龙和玻璃纤维的防弹衣，在同样情况下，其防护能力至少可增加一倍，并且有很好的柔韧性，穿着舒适。而且，这种凯夫拉防弹衣只有2~3千克重，穿着行动方便，已被许多国家的警察和士兵采用。

我们对化学纤维已经有了较多的认识，还有一些纤维材料我们也该认识一下，先介绍一下“碳纤维”。

碳纤维的历史渊源，可以追溯到19世纪后期。1888年，“发明大王”爱迪生在发明电灯泡时，苦苦寻觅灯丝材料，发现把竹丝不完全燃烧后得到的碳纤维作灯丝，通电后竟然可连续发光1200小时，创造了空前纪录。可惜竹丝碳纤维强度太差，稍有振动就会断裂。所以，当发现更为理想的钨丝后，电灯泡就不再使用纤弱的碳纤维了。

20世纪60年代，玻璃纤维增强塑料“玻璃钢”问世，有人在研究纤维增强材料时又再度关注碳纤维，发现在无氧条件下高温处理人造丝、聚丙烯腈等高分子材料，获得的碳纤维，性能极为优异，其强度比钢大4倍，比玻璃纤维强6倍，而比重比铝还小。碳纤维的强度高、弹性大、比重小，还有优良的耐热，耐腐蚀性，因此，很快就用作重要的塑料增强纤维。如今，碳纤维增强塑料已是航空、汽车、造船、化工、石油工业和体育器材的重要新型复合材料。

碳纤维不仅可作为塑料的增强纤维，还可与陶瓷、金属等组成多种性能更为优异的高强耐热复合材料——碳纤维增强陶瓷和碳纤维增强金属，成为航空、航天和能源等高新技术重要的新材料。

后来，在碳纤维的基础上，科技专家又研发了性能更为优异的“石墨纤维”，近年研发的“布基球”、“布基管”和“布基洋葱”纤维材料，更被人称为“超级纤维”，成为纤维家族的“王中王”。

硼纤维，是一种高强度、高弹性模量、高耐温的新型纤维材料，性能比玻璃纤维和碳纤维都好。其强度相当于钢丝的6~7倍，弹性模量是钢的2~3倍。

硼纤维增强塑料，性能优异，已成为航空、航天工业的重要轻质结构材料。如硼—环氧树脂复合材料，已成功地代替铝合金作为航天飞行器的结构材料和高级防热烧蚀材料。

硼纤维增强金属，是20世纪70年代开始研制的新型复合材料，主要是铝、镁、钛等高强耐热金属基复合材料，用于制作航天涡轮机、推进器零部件，坦克装甲、水翼船、气垫船船体结构以及飞机、汽车的重要构件。

金属纤维，就是金属制成的纤维。要称纤维，应该细长柔韧，很多金属强硬有余而柔韧不足，所以能制成金属纤维的金属都是塑性、韧性良好的金属，如铜、铝及其合金。但是，在材质和加工技术上下工夫创新突破，钢、铁、不锈钢等金属材料，也可制成金属纤维。

金属纤维，采用金属丝材多次、多股复合拉拔（即集束拉拔，每股有数千根），热处理等一套特殊工艺制成。经该工艺生产的纤维，可以达到甚至超过材料本身的抗拉强度，纤维丝径可达1~80微米。金属纤维及其制品是近20年发展起来的新型工业材料和高新技术、高附加值产品。它既具有化纤、合成纤维及其制品的柔软性，又具有金属本身优良的导热、导电、耐蚀、耐高温等特性，可充分体现现代材料科学的“交叉性”和“卓越性”。金属纤维已被广泛应用于纺织、航天航空、石油化工、电子机械、医药、食品、环保等领域，是许多工业领域和国防工业必需的关键材料。金属纤维除了可以单独使用，还可与天然纤维、合成纤维“混纺”制造“金属面料”，可作为塑料、水泥、混凝土等的增强纤维或具有特殊电磁、热性能的功能添加料。

4.5 橡胶有故事

“橡胶”一词，来源于印第安语cau—uchu，意思是“流泪的树”。天然橡胶就是由三叶橡胶树割胶时流出的胶乳，经凝固、干燥后而制得。

现代使用的橡胶分为天然橡胶和合成橡胶两大类。

天然橡胶，主要产于三叶橡胶树，割开这种橡胶树的表皮，就会流出乳白色的“胶乳”，胶乳经凝聚、洗涤、成型、干燥，即得天然橡胶。

橡胶制品图

合成橡胶，是由人工合成方法而制取，采用不同的原料（单体）可以合成出不同种类的橡胶。1900年~1910年化学家C.D.哈里斯测定了天然橡胶的结构是“异戊二烯”的高聚物，为人工合成橡胶开辟了方向。1910年俄国化学家SV列别捷夫以金属钠为引发剂使丁二烯聚合成丁钠橡胶，以后又陆续出现了许多新的合成橡胶品种，如顺丁橡胶、氯丁橡胶、丁苯橡胶等等。

目前，合成橡胶的产量已大大超过天然橡胶，其中产量最大的是丁苯橡胶。

通用橡胶，是指部分或全部代替天然橡胶使用的合成橡胶品种，如丁苯橡胶、顺丁橡胶、异戊橡胶等，主要用于制造轮胎和一般工业橡胶制品。通用橡胶的需求量大，是合成橡胶的主要品种。

据考古发现，在中美洲和南美洲出土的“橡胶球”，历史可追溯到公元1600年。又据文献记载，1493年，西班牙探险家哥伦布“发现新大陆”初次踏上南美，在那里，西班牙人看到印第安小孩互相抛掷一种小球做游戏，这种小球似乎有某种“魔力”，落地后能反弹得很高，如捏在手里则会感到有黏性，并有一股怪怪的烟熏味。西班牙人还看到，印第安人把一些白色浓稠的“液体”涂在衣服上，雨天穿这种衣服不透雨；把这种“液体”涂抹在脚上，雨水就不会弄湿脚。这样，西班牙人在南美又“发现”了橡胶的“弹性”和“防水性”，但是，并没有真正弄明白橡胶究竟是什么东西，也不清楚它的来源，反而大肆宣扬南美“土人”在玩一种有“邪灵”的小球。直至1736年，法国科学家康达敏从秘鲁带回了有关橡胶树的详细资料，出版《南美洲内地旅行记略》，书中详述了橡胶树的产地、采集橡胶的方法和橡胶的利用情况，才引起了人们对橡胶的重视。1823年，英人马金托什，像印第安人一样把那种“白色浓稠”的橡胶液体涂在布上，制成防雨布，并缝制了“马金托什防水斗篷”，这就是世界上最早的“雨衣”。1888年，英国人邓禄普变发明充汽轮胎，自1895年开始生产橡胶汽车轮胎。随着汽车工业的兴起，更激起了对橡胶的巨大需求，有关橡胶种植、加工的科学研究开始突飞猛进。天然橡胶的种植基地，也从19世纪末20世纪初，开始逐渐从南美转向东南亚。

橡胶，虽然只是众多材料中的一种有优良弹性的特殊材料，但对于国计民生有其特殊的作用。特别在战争期间，汽车、战车的橡胶轮胎和战士、器材的防水，都举足轻重，这从第二次世界大战以来，美国对橡胶的极度重视，就可看出。

1941年12月珍珠港事件爆发，美国宣战时，美国的天然橡胶几乎完全依赖从亚洲进口，人工橡胶的研制尚未提上议事日程。在珍珠港事件后的3个月里，与同盟国一样对橡胶如饥似渴的日本人占领了马来西亚和荷属东印度，从而控制了全球天然橡胶供应量的95%，美国陷于危机之中。要知道，每一辆谢尔曼坦克都需要20吨钢铁和半吨橡胶制造，每一艘战舰都有2万个橡胶零部件，美国每一个工厂、家庭、办公室和军事设施里的每一寸电线上都需要橡胶包裹，而那时尚无人工合成的替代品。即使是把每一个可以想到的来源考虑在内，按照通常的消费速度，美国也只有约一年的橡胶供应量。而且就这么一点橡胶还得拿出一定的数量支撑这个国家历史上规模最大而且最重要的工业扩张——装备盟国的军队。

美国政府的反应是迅速的。珍珠港事件过去仅仅4天，立即宣布“非战争必需产品中使用橡胶为非法”；各种车辆的速度下降到每小时35英里（1英里=1.61千米），这样做不是为了节省汽油，而是为了降低美国各种车辆所用轮胎的磨损。全美40多万个废品回收仓库，废橡胶可以卖到每磅1便士。即使是罗斯福总统的宠物狗法拉，也得把它的橡胶玩具骨摘下来，送去“回炉”。这是一场历史上规模最大的废品回收运动，它使美国和盟国得以有一些橡胶可以支撑下去。

美国政府还向全国的化学家和工程师下达命令，要求他们研发创建“合成橡胶”工业。1941年，合成橡胶的产量不过区区8千吨，而且是轮胎用不上的特种产品。而美国的生死，一定程度上取决于这个国家能否有超过80万吨轮胎橡胶产品的生产能力，而此前，几乎没有得到开发，甚至没有什么工厂来生产制造这种橡胶的原料。美国工业界此前从未应对如此艰巨的任务，只有2年时间，如果合成橡胶的计划失败，美国进行战争的能力则会崩溃。

除了“废橡胶回收”和“人工合成橡胶”这两个办法以外，还有就是想方设法从任何一个来源中获得天然橡胶。当苏联人从蒲公英属植物中提取胶乳的消息传到华盛顿后，美国政府立即接二连三下达命令，在美国41个州种植这种作物。美国药品管理局派出一批批的植物考察人员到世界各地，许多人被派到南美的亚马孙地区，去搞清楚在南北美洲种植橡胶的可能性。他们要去寻找多年前南美橡胶园失败的原因，寻找那些少数侥幸地活下来的“土生土长的橡胶树”。很多人在亚马孙盆地死于激流或被丛林吞噬，这些植物学家们其实在从事着几乎不可能的事情。但是，他们不仅找到了具有显著的疾病抵抗力的树种，而且还把橡胶树种引种到哥斯达黎加的试验站。到二战结束的时候，已经解决了许多在南北美洲建立高产抗病的橡胶园的技术性难题。很可惜，哥斯达黎加的“实验橡胶园”后来被废弃了，因为战时的合成橡胶的研究计划取得了巨大的成功。美国以7千万美元（以现今的美元计约56亿美元）的代价，取得了历史上一项最杰出的“合成橡胶”科技成就。到1945年，可用的合成橡胶的生产，已超过了每年80万吨，占美国消费量的85%。1953年秋，当天然橡胶研究计划取消的时候，美国联邦政府的官员们大言不惭地宣称：“天然橡胶没有将来，不再具有战略意义。”

他们错了。最近解密的美国国家档案馆的文件表明，在这个取消天然橡胶研究计划的灾难性决定中，盲目相信合成橡胶的“潜力”，实际上是一种短视行为。在已经开发出来的几十种合成橡胶中，只有一种“近似”于大自然创造的络合聚合物，具有与天然橡胶几乎相同的分子结构，在性能上有细微的差别。但这种合成橡胶的成本和产能，是很大的问题，价格昂贵、不易制造，使它很难推广应用。尽管如此，在战后的近30年里，全球使用质量较次又比较廉价的“合成橡胶”似乎平安无事。每年合成橡胶的产销量都占据市场的较大份额，有的经济学家预测，天然橡胶的地位将被降到历史上一个无足轻重的地步。可是接着发生了一个具有双重意义的“意外事件”。首先，石油输出国组织的石油禁运，使合成橡胶的原材料价格上涨了3倍，疯长的石油价格，也使美国人大大地增强了汽油“行车里程”的意识，而第二个对合成橡胶更为严重的挑战，是天然橡胶“子午线轮胎”迅速而广泛地被采用。

直至1968年，全美超过90%的车辆都使用的是从1900年起就开始使用“斜交帘布轮胎”。米其林公司的工程师们，通过金属丝、带垂直放置在天然橡胶轮胎的结构，造出了性能更好、更省油和耐用度提高一倍的“子午线轮胎”。子午线轮胎在美国一上市就横扫汽车市场，到1993年，就占了总销售量的95%，因而有力地促进了天然橡胶种植业的发展。因为，只有天然橡胶，才具有胎壁所需的强度以及子午线轮胎的钢带所需的黏附性能。这样的技术突破，确实是出人意料。也正说明，天然橡胶，不是轻易能被“差强人意”的合成橡胶打败的。

目前，每一架商用和军用飞机，从空客380到B—2轰炸机，再到航天飞机，其轮胎几乎全部是由天然橡胶制成的，至今没有切实可行的替代品，没有一样合成橡胶产品能比得上天然橡胶的弹性、张力强度和对磨损和冲击的抗性。只有天然橡胶才经得起从高空的低温到在机场跑道触地的突然升温这样的急速转变。美国国防部高官在最近接受的访谈中，这样总结天然橡胶的重要性："我能告诉您的就是，我肯定不希望坐在用合成橡胶轮胎降落的飞机上。"

交通运输只是天然橡胶运用的一方面。除此之外，对天然橡胶尚有10多种其他需求，最显著的需求就是在性与健康方面。在过去的10年中，随着艾滋病的肆虐和对医用手套和避孕套需求量的增加，医学界对天然橡胶的消费也增加了一倍。橡胶能紧附在钢和玻璃上，能经受住消毒过程中的高温和蒸汽，这也使它成为手术皮管、止血塞、导管、注射器尖头和其他医药产品中不可或缺的材料。根据研究报告，这些产品现在均无替代品。

近二十年的经济发展中，对天然橡胶的需求量在不断地增长。经济学家们预测天然橡胶将出现短缺，胶价将大幅度上涨，即使是他们认为橡胶树的叶枯萎病得到控制也是这样。亚洲是几乎所有天然橡胶供应的主要来源，而且这个地区的工业化正在使亚洲消费更多的橡胶，而减少出口。在马来西亚，土地的价格飞速上涨，许多橡胶种植者已经转向更加有利可图的油料作物上去了，对劳动力的竞争也很剧烈。橡胶同殖民地时期的历史联系起来，如果工人有选择的话，比如去造汽车，那么很少有工人愿意去收胶水。从1988年以来，马来西亚的橡胶产量下跌了近40%，而且这个势头还将继续下去。

美国对橡胶的认识和态度，反映了橡胶对经济建设和国防安全的重要作用，也使我们对天然橡胶和合成橡胶有了更进一步的认识。

进入21世纪，东南亚已成为全球天然橡胶的主要产地。2003年，全世界天然橡胶产量为753.57万吨。位居世界橡胶生产大国前五位的分别是泰国、印度尼西亚、印度、马来西亚、中国，五国橡胶总产量为629.25万吨，占全球橡胶总产量的83.5%。

4.6 如胶似漆的胶黏材料和不仅“涂脂抹粉”的涂料

胶黏材料，又称胶黏剂或黏结剂。一般分为有机胶黏材料和无机胶黏材料两大类，这里只介绍有机高分子化合物胶黏材料。

胶黏材料的“胶黏”功能，大家都明白。谁没用过胶水、糨糊？如今透明胶纸、双面胶纸都成了日常生活用品，也都知道历史上修长城用糯米作胶黏材料……但是，要说清楚胶黏的

胶黏材料、涂料图

原理，很多人就说不清楚了。确实，这原理还真不容易说明白呢。别说一般百姓民众，专家学者至今还是“公婆说理”各说各有理。目前，比较流行的“胶黏理论”，有以下几种：

吸附理论。这种理论认为，胶黏剂的分子与被黏物分子之间，由于“吸附作用”，互相接近到一定程度，到相当于分子间的距离时，大量分子之间会出现“次价力”的结合作用，把彼此分离的物体，相互黏合在一起。胶接剂的极性越大，胶合力越强，接头的强度就越高。因而，一般作为胶黏剂的高分子化合物，都有极性很强的极性基团。

扩散理论。这种理论认为，当液态胶黏剂与被黏接物接触时，由于被黏物的溶解或溶胀，使胶黏剂和被黏物分子，在接触的界面层互相扩散而实现“胶接”。这种理论，在解释高分子聚合物的“自黏”和“互黏”现象；用有机高分子胶黏剂胶接塑料、橡胶、合成纤维等高分子材料时，得到较高的胶接强度，都很成功。并且，按照此理论，适当提高胶接温度和压力，加速分子的扩散，就可以提高胶接接头的质量和性能。但是，扩散理论恰无法解释用热固性胶黏剂胶接金属和其他无机物的事实。

化学键理论。这种理论认为，胶黏剂与被黏物之间，形成牢固的“化学健”，是胶接接头高强度的原因。如硫化橡胶与镀了黄铜的金属胶接时，黄铜镀层中的铜原子与橡胶中的硫形成硫化亚铜，而硫化亚铜中的硫原子，又与橡胶分子链上的双键形成了化学键，成为胶接的“硫桥”而把橡胶和镀黄铜的金属件牢固地连接起来了。

此外，还有“机械镶嵌理论”、“静电理论”等等胶接理论。显然，各种理论都有其现实的适应范围和条件，又有其局限性。现实地说，就是不同材料的胶接，应选择不同的胶黏剂。

虽然，胶黏连接的理论似乎还不太成熟，但胶黏连接与其他成熟的连接方法，如螺栓连接、铆接和焊接相比，具有以下的特点而被关注和重视。

接头应力分布均匀，大大减弱“应力集中”，并相应提高了接头的疲劳强度。

能方便连接不同的材料。如不同金属材料的连接，金属与玻璃、橡胶、陶瓷、木材、纺织品的连接。而用焊接、铆接几乎是不可能的。

接头的耐蚀性和电绝缘性优良。因为，胶黏剂的主要成分高分子聚合物有良好的耐蚀性和电绝缘性。

灵活的可调节性。通过调节胶黏剂组成，可以形成不同性能要求的接头，灵活方便。

然而，由于胶黏剂的主要成分是有机高分子化合物，其耐热性一般只有60℃~80℃，个别的可达150℃~250℃，因而很难在高温下保持强度承受载荷；其次是胶接工艺一般都是手工操作，质量不够稳定，也难以大批量自动化运行，效率难以提高。这些都有待于进一步研究开发，使胶黏连接能扬长避短更好地发挥其独特的功能。

目前常用的胶黏剂，有环氧树脂胶黏剂、酚醛及其改性树脂胶黏剂、聚氨酯胶黏剂、乙烯基类乳液胶黏剂、橡胶型胶黏剂和混合型胶黏剂等。

涂料。

涂料，我们很多人都在家居装修时与它打过交道，用来刷墙、涂顶，考虑的是质量、色泽和环保。比起老一辈用石灰水或油漆，使用涂料已是很大进步了。但是，对涂料的认识，只见到它“涂脂抹粉”的装饰作用，就有点片面了，涂料所起的作用还多着呢。

从材料科学角度来说，涂料，是指用于涂覆在物体表面，能够形成完整、均匀而坚韧的涂膜，对物体进行表面防护和装饰的一类材料。在工程和日常生活中，应用十分广泛，种类很多。这段描述看起来有点“干巴巴”，但仔细推敲一下，还大有内容。

涂料涂上去，首先要能形成“涂膜”，而且涂膜要“完整、均匀而坚韧”。这是对涂料的基本要求。其次，点明了涂料的功能，进行“表面防护和装饰”。装饰是涂料的功能，但“表面防护”在前，是主要功能。表面防护，防什么？防水、防油、防化学腐蚀、防导电，还要求耐磨、耐冲击，甚至防静电、防菌、防尘等等。这是涂料作为“贴身护卫”的主要功能。“装饰”功能也不仅是五颜六色，还有“拉毛”、“压花”等“立体”装饰和“变色”、“荧光”等“特殊”装饰等等。应用于工程，大家马上会想到建筑工程，没错，这是常应用的工程，你会想到船舶工程、IT信息工程、BT生物工程、机械工程以及医疗、食品工程也需要大量涂料吗？如船舶中的远洋海轮，十几万吨、几十万吨的海运货轮，它的维护保养费用，主要不是用于动力舱发动机或航行仪器、通信设施，而是用在船体的防护涂料上。有统计数据表明，船体涂料破损，造成海水腐蚀以及海洋微生物、藻类滋生附着船体，会直接影响航速，降低船舶动力效率，严重时可达7%~10%的惊人损失。船舶和海运部门，都把研发防海洋生物和海水腐蚀的涂料，作为重大课题来抓。生物工程中的灭菌室，医院的手术室，制造电脑芯片的无尘净化室……对涂料更有专门的特殊要求；高温、高速运行的机械要防锈，又给涂料出了“难题”；而高级轿车的装饰涂料，既要靓丽风情又要豪华气派；即使是家装涂料，价廉物美还要环保生态……涂料非得“多才多艺”不可！我们再也不能小看这涂料了。

虽然对涂料的要求五花八门各式各样，但它的组成还是“万变不离其宗”，都由“主要成膜物质”、“次要成膜物质”和“辅助成膜物质”三部分组成。

主要成膜物质，又称固着剂或胶黏剂，它的作用是胶结其他组分，黏附在被涂物体表面，形成涂膜。主要成膜物质，必须具有很高的化学稳定性，一般选用天然或合成树脂，以及各种动植物油料。动植物油是传统用料，油膜的硬度低，耐水、耐蚀较差，光泽也不理想，所以已经使用不多，现在大多用天然或合成树脂作为主要成膜物质。常用的天然树脂有松香、虫胶、沥青等；合成树脂有聚氯乙烯树脂、环氧树脂、酚醛树脂、醇酸树脂等。

次要成膜物质，按在膜中所起的作用，分为着色颜料、防锈颜料和体质颜料三类。着色颜料的主要作用是着色和遮盖物面，在颜料中用量最大；防锈颜料主要作用是防止金属锈蚀，如红丹、锌络黄、氧化铁红、铅粉等；体质颜料主要作用是增加涂膜的厚度，改善它的耐磨性、强度、硬度等性能。常用的有滑石粉、碳酸钙、碳酸钡、硫酸钡等无机盐。

辅助成膜物质，包括溶剂和辅助材料两类。溶剂，主要用于溶解树脂，降低涂料黏度，改善工艺性能。在涂膜形成过程中，溶剂逐渐挥发逸出。常用的溶剂有松香水、二甲苯、松节油、甲苯、酮类等有机化合物。辅助材料，是为了提高涂膜性能和改善成膜过程。常用的辅助材料主要为催干剂和增塑剂。催干剂可以加快涂膜的干燥，提高涂膜质量。常用的催干剂有钴、锰、铅、锌、钙等金属氧化物，盐类和有机化合物。增塑剂可提高涂膜塑性，降低脆性。增塑剂应具有无色、无毒、不燃、低挥发和很好的化学稳定性等特点。常用的增塑剂，有不干性油、有机化合物和高分子化合物。

近年发展很快的“水溶性涂料”，不用有机溶剂，使用水溶性成膜物料，改善了施涂工艺又减少了环境污染，是涂料工业发展的方向。现在常用的水溶性涂料有水溶性酚醛漆、环氧漆、醇酸漆、聚酯漆等，均可在水中溶解，施涂后在一定的加热、固化条件下，水逐渐挥发逸出而成为不溶于水的涂膜，其性能已可超过同类溶剂性涂料。

近二十年，涂料的质量、品种发展得很快，可以称得上“日新月异”，品种成百上千。选用时，应先明确需要，包括被涂材料材质、环境、性能和装饰要求等，不能仅看色泽或偏信广告，对涂料的成分和使用条件应有了解，再作决策。这里不作具体介绍。

下面介绍几种常用的防锈涂料。

防锈涂料，专门用于金属表面防止锈蚀，属于底漆一类。主要是利用涂层所具有的覆盖屏蔽作用和缓蚀作用，转化铁锈氧化及电化学保护，达到防锈目的。常用的防锈涂料有红丹防锈漆、硼钡防锈漆和带锈涂料三种。

红丹防锈漆，是使用历史悠久、用量最大的一种防锈涂料。由红丹油（或磁性漆）、填料、催干剂和有机溶剂调制而成。红丹的主要成分是四氧化三铅（Pb_3O_4）及少量的氧化铅（PbO），属碱性颜料，能使钢铁材料表面氧化，生成一层Fe_3O_4的钝化膜，并能促使漆膜更为致密，防止水的渗入，因而防锈。红丹漆广泛用于铁基材料的防锈保护，但不适宜用于有色金属的防护。

硼钡防锈漆，是用偏硼酸钡、漆料、填料、催干剂和溶剂调配制成的防锈漆。由于呈弱碱性，可抑制铁的溶蚀，同时促进漆膜致密，防止湿气渗入，并能中和大气中的二氧化碳，从而达到防锈目的。硼钡漆无毒价廉，是一种优良的新型防锈漆。

带锈涂料，又称带锈底漆，可以直接涂在带锈的金属表面，与已锈和未锈金属发生化学反应，形成有保护作用的化合物，达到防锈、除锈和保护目的。是一种高效的新型防锈涂料。

4.7 复合材料

复合材料，从广义来说，凡两种以上不同成分和组织结构的材料，以各种形式组合而成新的材料，均可称复合材料。树木花草的枝、叶、茎、果，飞禽走兽的羽翼、角蹄、躯体、器脏，都是天然的复合材料。从旧城古迹中掺稻草、麦秆的泥坯墙，到近代建筑的钢筋混凝土；庙宇里彩塑金饰的神佛、金刚，到遨游太空的卫星、火箭；雨布、船篷、汽车轮胎……都是地道的人工复合材料。在人类文明历史的长河中，复合材料堪称源远流长。

现代材料工程中所说的复合材料，是指两种或几种不同化学组成、不同组织结构的材料，以一定形式组合而成的人工合成材料。复合材料，通常由高韧性、低强度、低弹性模量的“基体相”，和高强度、高弹性模量的“强化相”，经人工复合而制成。基体相和强化相在组织上复合后，互相取长补短，可获得优异的综合性能。复合材料，可以是高强度、高性能的结构材料，也可以是性能特殊的功能材料，甚至两者兼顾。

20世纪50年代，玻璃纤维增强塑料“玻璃钢”问世，这种性能优异的复合材料，立即引起了广泛的注意，并迅速推广。20世纪60年代，碳、硼纤维增强塑料研发成功，复合材料的应用又进一步扩展。近年复合材料已扩展到金属、陶瓷、橡胶以及硅酸盐材料，性能越来越好，应用范围也越来越广。现代科技的发展，特别是宇航、导弹、火箭、核能、信息及生物工程、海洋工程等高技术部门的迅速发展，对材料要求越来越高，如耐高温、耐疲劳、高比强度等等，原有的传统材料往往难以胜任，而复合材料以它的优异高性能，成为这些部门关注研发的重要课题。

复合材料按增强相的种类、形状和复合的结构形式分类，主要有“纤维增强复合型”、“弥散粒子增强复合型”及“叠层复合型”等类别。应用最广泛的是纤维增强型复合材料。

纤维增强型复合材料的性能，不仅取决于增强纤维和基体材料本身的性能，还与两者结合界面的物理、化学作用，纤维长度、含量及排列形式等因素有关。因此作为增强相的纤维，除了要求“强”外，还要求不与基体产生有害的化学、物理作用；与基体的附着、黏结力要好，但又不能太强，以免造成“脆断”；纤维的分布排列也有讲究，应与受力方向一致；还有纤维的膨胀系数也应与基体适配，以免温度变化产生不必要的附加应力。

弥散粒子增强复合型复合材料，是增强粒子高度弥散分布在基体中，阻碍基体形成塑性变形的“位错”或“分子链”运动，提高强度。增强粒子的粒径，一般在0.01~0.1微米时，增强效果最明显。直径过大，会造成应力集中；过小则增强作用不大。再细分一点，增强粒子数量大于20%时，称为“粒子增强复合材料”；而低于20%时，称“弥散强化材料”。

层叠复合材料，是通过“中间层”或胶黏剂，把不同性能材料层叠组合，充分发挥内外层不同材料不同特性，提高复合材料的综合性能。二维各向同性材料，如层合钢材、轴承材料和胶合板等。结构有“多层复合”和“夹层复合”等形式。

复合材料，是具有优越综合性能的新型工程材料，其中增强相和基体相复合后，不仅可以“兵来将挡、水来土掩”，还可以取长补短相互支持，所以具有很多性能特点：

比强度、比模量大。复合材料的比强度（强度/比重）和比模量（弹性模量/比重）都很高，如碳纤维增强环氧树脂复合材料，比强度是钢的7倍，比模量是钢的3倍。

抗疲劳性、减震性好。复合材料中增强相与基体相的界面，能吸收振动，自振频率也很高，就可以有效地避免共振引起的裂纹扩展，因而有良好的抗疲劳性和减震性。

耐热性好。由于复合材料的增强相都有较高的高温强度，特别是金属基复合材料，高温耐热性更好。铝合金，在400℃时弹性模量几乎为零，而碳纤维增强复合铝材，400℃时强度、弹性模量基本不变；一般耐热合金的最高工作温度不超过900℃，而陶瓷粒子弥散型复合材料，最高工作温度可达1200℃，石墨纤维复合材料，瞬时耐高温更高达2000℃。

化学稳定性好。树脂和陶瓷基复合材料，都具有优良的化学稳定性，能抗氧化，耐酸、碱和油脂等侵蚀。

成型工艺性好。各类复合材料，有近十种不同的成型工艺方法，如叠层层压、缠绕、真空浸胶、喷射成型、拉拔等等，还可以进行切削、压力加工、浇注、烧结等加工。一些金属基复合材料，甚至可以熔铸及焊接。

此外，复合材料还有减摩、耐磨、自润滑和阻燃等“安全性”优点。

目前，复合材料在航空、航天、交通运输、化工、能源及军事工业等部门都有极广泛的应用。在机械工业中，可用作高强度机械零件（如齿轮，风机叶片等）；容器和内衬（如油罐、油槽车、电解槽、压力容器等）；结构壳体（如车、船身，发动机罩等)；耐腐蚀构件（如管道、阀、泵等）以及轴承材料、绝缘材料等等。建筑工程的大型“薄壳结构”；越野汽车的“壳体”；轻型飞机的机翼；火焰喷射器的“喷嘴”乃至火箭的“固体推进剂”。这些都是复合材料，你信不信？